与城市化共生

——可持续的保障性住房规划与设计策略

郭 菂 著

U0334401

东南大学出版社
SOUTHEAST UNIVERSITY PRESS

南京·2017

内容提要

　　保障性住房是我国住房供应体系的重要组成部分,是解决城市中低收入家庭住房困难的关键。本书关注城市化进程中保障性住房建设与城市空间发展的关联性,主要着眼于三个方面:首先通过分析发达国家和地区公共住房规划设计经验,得到如何对保障性住房建设的各个环节进行调节和干预的启示;其次以南京为样本城市,选取具有代表性的保障性住房小区和居住主体为研究对象,剖析其在规划和设计方面存在的问题;最后在前述理论与实证研究的基础之上,探索与城市共生的、可持续的保障性住房规划与设计策略。

图书在版编目(CIP)数据

　　与城市化共生:可持续的保障性住房规划与设计策
略 / 郭菂著. —南京:东南大学出版社,2017.9
　　ISBN 978-7-5641-7347-0

　　Ⅰ.①与… Ⅱ.①郭… Ⅲ.①保障性住房-建筑设
计-研究-中国 Ⅳ.①TU241

　　中国版本图书馆 CIP 数据核字(2017)第 187902 号

书　　名:与城市化共生——可持续的保障性住房规划与设计策略
著　　者:郭　菂
出版发行:东南大学出版社
社　　址:南京市四牌楼 2 号　　　　邮　编:210096
网　　址:http://www.seupress.com
出 版 人:江建中

印　　刷:南京新世纪联盟印务有限公司
开　　本:787 mm×1092 mm　1/16　印张:10　字数:243 千
版　　次:2017 年 9 月第 1 版　2017 年 9 月第 1 次印刷
书　　号:ISBN 978-7-5641-7347-0
定　　价:39.00 元

经　　销:全国各地新华书店
发行热线:025-83793191　025-83791830

在人类社会漫长而无限的时空演进场景中，城镇的出现虽然历史悠久，但是它主导、引导人类社会的发展进程和城镇化成为人类社会演进的主旋律和主推力，却是最近两三百年的事情。然而，在这数百年波澜壮阔的城镇化发展进程中，人类社会发展变化的节奏、速度和程度，远远超过了此前数千年。一方面，城镇化的发展推动了人类社会的快速发展，另一方面则是人类社会迭次涌现的新技术、新制度、新观念等不断改变着城镇化的模式和方向，新型城镇化模式也由此而阶段性地出现，并随之改变着城乡空间的类型、功能、图景和关系。

在全球层面来看当下的世界新型城镇化模式，其中既包括全球新技术革命带来的城镇化方式的创新，也包括由于中国快速崛起、中国城镇化迅猛推进带来的全球城镇化重心的转移，也就是中国特色城镇化模式。从演进历程来看中国城镇化正在迈入的新型城镇化阶段，我们看到的是中国最近30多年快速城镇化所达到的城镇化水平超过50%的现实基础、所累积的复杂的资源环境与社会问题，以及所面临的老龄化、机动化和国际环境变化带来的挑战。这与30多年前中国城镇化水平在20%以下时的处境大不相同，也与10多年前中国城镇化水平跨越30%门槛时面临的形势有本质区别。如果说，中国在达到城镇化水平50%以前，还可以借鉴，甚至照搬与模仿西方工业化、城市化高峰时期的理论、模式、经验来指导中国城镇化发展的话，现在我们面临的许多问题，是西方既往城镇化"教材"所没有的，我们只能依靠对自身特点、经验、教训的深刻解读和对未来的超前预判和分析，来设计出适合中国发展的新型城镇化路径，这是我们面临的重要理论问题，也是中国学术界的历史责任，需要极大的创新勇气和艰苦的探索才可能找到答案。

和新型城镇化相对应，世界和中国城乡空间的变革也日新月异，这其中既包括新的城乡关系，也包括新的城乡空间类型、功能、景观、以至于新的城乡空间需求和理念，以及新的城乡空间研究视角和规划模式。仅就中国而言，计划经济、传统产业时期的城乡空间规划与建设理念和模式，与改革开放以来的市场经济、外向型产业和观念多元化变革时期的城乡空间规划与建设理念和模式截然不同，物质空间为本时期与以人为本时代的城乡空间建设与规划模式也不同，加上新技术带来的空间改革，一个新型城乡空间关系、空间类型、空间建设与规划模式涌现的新时代正在来临，需要我们见微知著、详加研判。

城镇化模式与城乡空间类型的创新既有阶段性的质变，也有连续性的渐变，学术研究要遵循事物发展客观具有的"承前启后"的因果链条。因此，本丛书所指的"新"，其历史起点定格在20世纪70年代全球化和新技术革命开启的新阶段以后，特别是中国改革开放以来，既包括对已经走过的30多年所累积的与传统阶段相比有所不同的"新型"的既往式总结，也包括当下即将进入21世纪第二个10年、中国城镇化进入加速发展后期以及迈向成熟期之时,对即将面临的"新"时期的预见性展望。希望通过对已经走过的 30 年新实践,诸如开发区建设、新城开发、都市圈与城市群等培育进行系统总结和提炼,构筑当代"中国特色城镇化模式"的科学起点,通过对正在成为共识的"以人为本"新阶段所蕴含的新型城镇化的新趋势、新型城乡空间的新类型等进行基于国情现实的预判,改变长期的"拿来主义"倾向和重新确立基于发展自信的文化自信,在面向未来、寻求新路的同时更加对准中国历史原点,逐步建立起未来真正意义上"中国特色城镇化模式"的科学内涵与理论构架。

本丛书是一个动态扩展的开放式学术专著集成平台,围绕"新型城镇化和新型城乡空间"这一总的方向,立足时代前沿、扎根中国实践进行理论探索。丛书既包括 21 世纪以来对中国城镇发展与规划进行探索的中青年学术骨干的著作,也包括不断涌现的"80后"年轻学人的学术专著,预计"90 后"新学人的专著纳入也为时不远。欢迎学术同仁、社会各界对丛书进行指导和支持,也欢迎对本丛书有兴趣的高水平学术新作不断充实进来,汇集涓涓细流,形成推动中国城乡空间与规划研究的新力量。

王兴平
东南大学建筑学院教授、博士生导师
东南大学区域与城市发展研究所所长
2013 年于东南大学建筑学院

　　住房问题是经济问题,也是社会问题,对于一个不断走向富裕、不断走向公正的社会而言,人人享有适宜的住房是全民性的社会生存权利。实行住房保障、提供公共住房是政府及社会全体成员义不容辞的责任和义务,这不仅仅是为了保护社会中低收入阶层的利益,也是为了其他人的福利最大化。

　　人类社会发展表明,居住这个普遍的社会问题是伴随着工业化和城市化而出现的。随着中国经济的高速发展和城市化建设步伐的加快,城镇常住人口和非常住人口迅速增加,广大中低收入居民家庭的住房支付能力与具有适宜住房标准的住房的价格之间出现巨大落差。政府连续出台多项关于住房建设的政策以满足各个群体对住房的需求,为中低收入家庭提供保障性住房是中国住房政策的核心内容。然而,短时期、大规模的保障性住房建设在规划、分配、管理等方面都暴露出一定的问题,包括出现不同社会阶层居住分离的特征、公共设施的供应水平和质量低下等。因此,改善中低收入群体住房条件并不是简单地盖几栋房子就能解决的问题,而是需要对城市空间资源重新分配。在快速的城市化进程中,如何在规划实践中更多地从社会视角出发关注中低收入人群,为他们提供住房保障,是必须重视和认真思索的问题。

　　作为针对快速城市化发展背景下保障性住房建设中规划与设计应对策略的专题性研究,本书在文献综述的基础上首先分析了发达国家和地区公共住房的规划设计经验,通过土地利用、公共住房的规划与设计、建造的法律规范和标准等住房技术政策方面的横向对比,得到如何对保障性住房建设的各个环节进行调节和干预的启示。随后,本书回顾了中国保障性住房建设的历史进程,深入探讨了在城市化进程中保障性住房建设与城市空间发展的关联性,即快速城市化在居住建设中所产生的影响以及保障性住房建设对推动城市发展所起的作用,初步构建了城市保障性住房建设与城市空间发展互动机制的框架。接下来,本书以南京为样本城市,对南京市保障性住房建设成果进行汇总、分析,选取具有代表性的保障性住房小区和居住主体为研究对象,从空间区位、规划布局、单体设计等层面进行实证研究,分析南京保障性住房呈现的空间特征和居民生活过程中的困难,剖析当代中国城市化进程与社会转型过程中保障性住房在规划和设计方面存在的问题。

　　在前述理论与实证研究的基础之上,本书从规划控制的角度出发,提出针对要素体系的城市保障性住房建设和城市协调发展的技术政策建议和建设标准;从规划设计的角度出发,提出规划选址、强度控制、具体规划要素以及单体设计等应对策略;最后,本书提出率先实行工业化建造、建立公众参与的规划设计、走循环经济之路以及建立科学的管理评价体系等保障性住房的未来发展趋势。

作者
2017.3

1 导论

1.1 中国的城市化与保障性住房的发展背景

住房是人类生存和发展的物质生活基础,人人都应享有合适的居住设施的观点已经得到社会普遍认同。1981 年 4 月,在英国伦敦召开了国际住宅和城市问题研讨会,会上通过了《住宅人权宣言》,将"享有良好环境,适宜于人类的住所"确认为是"所有居民的基本人权"。2004 年 3 月 4 日,第十届全国人大二次会议通过宪法修正案明确规定"国家尊重和保障人权"以及"国家建立健全同经济发展水平相适应的社会保障制度"。可见,住房保障是现代社会每一个公民享有的基本权利。

人类社会发展表明,居住成为一个普遍的社会问题是伴随着工业化和城市化而出现的。经济和城市化进程加速,大量农村人口涌入城市,城市中贫富差距现象加剧,城市发展中存在的中低收入家庭居住问题日益引起全球范围的广泛关注并成为社会学、城市地理学和城市规划等诸多学科的重要研究内容。进入 21 世纪,中国的经济、社会发展取得了令世人瞩目的巨大成就,城市化率由 1978 年的 15.82% 提高至 2015 年的 56.1%[①],已经进入一个快速发展的阶段。与此同时,城市化又具有典型的"中国特色",即:在自身并未开始真正意义的工业化之前,便与全球经济一体化同步。因此,中国的城市居住问题将面临更为严峻的挑战。

随着经济的高速发展和城市化建设步伐的加快,城镇常住人口和非常住人口迅速增加,广大中低收入居民家庭的住房支付能力与具有适宜住房标准的住房价格之间出现巨大落差。近年来,我国大中城市和沿海经济发达城市房价上涨过快。以上海为例,2015 年全市新建商品房住宅平均价格约为 21 501 元/平方米,内环线以内平均价格约为 72 066 元/平方米[②],同期城镇居民人均年收入约为 49 867 元,这意味着普通居民要倾其所有积蓄,或者背负数十年的巨额银行贷款买房,这将导致贫富差距加大、生活负担加重,会危害整个社会的安定和谐。正是在这种背景下,政府成立了新的住房和城乡建设部,连续出台多项关于住房建设的有关政策以满足各个群体对住房的需求。为中低收入家庭提供保障性住房是住房政策的核心内容。2007 年,国务院出台《国务院关于解决城市低收入家庭住房困难的若干意见》,要求以城市低收入家庭为对象,建立健全城市廉租房制度,同时改进和规范经济适用房制度。[③] 为解决保障性住房供应总量不足问题,中央财政补贴逐年提升,保障性安居工程建设力度明显加大:至 2013 年年底,全国累计用实物方式解决了 3 400 万户城镇家庭的住房困难,其中仅 2011~2013 年,我国城镇保障性

---

① 国家统计局 2015 国民经济运行情况数据。
② 2015 年上海市新建住宅平均销售价格 21 501 元/平方米。从区域分布看,内环线以内 72 066 元/平方米,内外环线之间 33 577 元/平方米,外环线以外 16 065 元/平方米。
③ 2004 年 11 月建设部政策研究中心发布了《2020:我们住什么样的房子——中国全面小康社会居住目标研究》,指出届时我国城镇人均居住面积将达到 35 平方米,城镇最低收入家庭人均住房面积将超过 20 平方米。

安居工程累计开工 2 490 万套,基本建成 1 577 万套,占比超过 35%。①

　　以上数据表明,建设保障性住房已经成为解决城市中低收入家庭住房困难问题的主要途径,并且保障性住房的建设高峰在未来几年内仍将持续。然而,随着住房制度改革的深化和城市的快速发展,保障性住房在规划、建设、分配、管理等方面都暴露出一定的问题,包括出现不同社会阶层居住分离的特征、公共设施的供应水平和质量低下等等。这些情况的存在说明改善中、低收入群体住房条件并不是简单地盖几栋房子就能解决的问题,而是要对城市空间资源重新分配。在快速城市化进程中,如何在规划实践中更多地从社会视角出发,关注中低收入人群,扶助弱势群体,为他们提供住房保障,是必须重视和认真思索的问题。

1.2　研究的意义

　　保障性住房的建设是国家为实现社会和谐稳定目标而大力推进的一项政策性爱民工程。政府的高度重视和积极举措,为学界开展相关研究提供了良好的支持。自 1998 年以来政府制定的一系列保障性住房相关文件,尤其是 2007 年建设部、发展改革委、国土资源部等相关部门根据国务院下发的《关于解决城市低收入家庭住房困难的若干意见》修订、制定的《经济适用住房管理办法》和《廉租住房保障办法》,表明政府将加大保障性住房的建设力度。保障性住房已经成为房地产市场的重要组成部分,与普通商品房共同满足社会不断增加的住房需求。

　　理论上的滞后将严重影响实践上的发展,实践上的急切需求和理论上的严重不足使本书的研究具有重要的理论意义。城市规划作为政府的公共政策,是城市政府配置空间资源的重要手段,本书将以城市规划学科为核心,结合社会学、城市地理学、城市经济学、建筑学等相关学科研究,从城市化进程这一特定角度出发,对城市中社会分化日益加剧下的城市居住问题进行系统研究;对于如何提供保障性住房、如何在城市建设的过程中保证保障性住房的供应等相关规划设计问题进行定量与实证研究。

　　目前,我国还没有制定与保障性住房规划与设计相对应的系统的标准规范,只能套用《城市居住区规划设计规范》(2016 版)以及各地制定的专项规定,与商品房建设遵从同一标准。建设量日趋增长(每年几百万平方米)的保障住房建设,如果仍然沿用商品房相关规范,没有对相关技术文件的针对性与适应性做出考虑与应对,势必会出现包括规划选址、建设规模、开发强度以及具体规划设计要素等在内的各方面问题。逐步探讨并建立一套保障性住房规划建设的合理模式,有助于政府从城市规划的角度科学有效地落实保障性住房建设,促进社会和谐与进步。本书的研究试图为有关政府机构在完善保障性住房体系以及进行大量保障性住房建设时提供直接的参考依据与标准,推动这一领域的理论研究与实践应用的结合。

1.3　研究创新点

　　(1)对保障性住房与城市化发展互动的内在机理研究

　　本书对保障性住房建设与城市化发展互动的内在机理进行研究,由表及里、由物及

---

① 　保障房圆安居梦　三年解决 1 200 多万城镇家庭住房困难[EB/OL]. (2014-01-15). http://www.gov.cn/jrzg/2014-01/15/content_2567135.htm.

人、由外在形态到内在机制分析城市发展带来的居住问题。在社会保障性住房的研究中,对城市发展的内在机理以及相应产生的利益矛盾和社会冲突等问题,还较少有人涉足。本书试图说明,规划师和建筑师不仅要研究物质形态、技术和艺术,还要研究社会,关心政治,并了解城市社会演进的一些实质性的过程。

(2) 以比较为方法提出保障性住房的技术政策和建设标准建议

由于保障性住房具有很强的政策行为特征,因而其物质实现过程必然伴随着政府对住房市场的调节和干预,这种调节和干预的措施和手段就是政府保障性住房的建设政策,包括土地利用、住房的规划与设计、施工建造的法律规范和标准等方面。本书对发达国家及地区社会公共住房规划与设计的技术策略进行横向比较研究,挖掘其中共性的规律以及可借鉴的优点,结合实证研究剖析南京保障性住房建设与运行的主要特点和现实困境,并在此基础上提出南京保障性住房的技术政策和建设标准建议。

(3) 以实证为基础提出城市化背景下保障性住房的规划设计策略

保障性住房既属于经济范畴,又属于社会范畴,同时也属于技术范畴。保障性住房的实施主要通过财政政策和金融政策进行,同时保障性住房问题的解决又属于社会保障体系的内容,而最后的空间落实、功能实现又关系到城市规划与建筑设计的问题。过去,人们更多地从保障制度体系、保障机制和保障模式的角度,分析其特点、运行和成效等,缺乏对住房保障政策实施中包括开发区位选择、住区规划、开发指标等规划设计应对层面的研究。通过由社会研究到物质形态、由政策制度到实施技术、由机制到设计的转变,本书提出城市化背景下保障性住房的规划设计策略。

2 社会住房保障与城市发展

2.1 基本概念

2.1.1 城市化

（1）城市化的概念

城市化(Urbanization)一词已被广泛引用,但是由于人们对城市的概念理解不一,对城市化的解释和量度方法也相差很大。[①]

人文生态学家认为,城市化是随着时间的推移,某一社会的人口逐步集中于高人口密度社区的过程,也可以说是人口由农村迁移至城市的过程。因此,以城市地区人口占全地区人口的百分比来衡量城市化水平。

人类学家研究城市不以城市人口多寡为条件,而以社会规范为中心,因而对他们来说,城市化就意味着人类生活方式的转变过程,即由乡村生活方式转为城市生活方式。

社会学家以社群网(即人与人之间的关系网)的密度、深广度作为城市研究的对象,所以城市化当然是指社群网结构,或者说是人际关系的改变过程。具体讲,城市化过程就是社群网的广度不断扩大、密度日益降低,人际关系逐渐趋向专门化与单一化的过程。[②]

地理学主要研究地域与人类活动之间的关系,非常注重经济、社会、政治和文化等人文因素在地域上的分布状况,认为城市是地域上各种活动的中枢,城市化是人口由从事农业活动转向非农业活动,且趋向集中群居的过程。

从综合观点出发,城市研究主要研究人口特征、人口活动和地域间的关系,认为城市化是指整个社会的变迁,即由原始社会逐步转变为今日的城市社会。罗西(R. H. Rossi)在社会科学词典中采用一个综合观点给城市化下定义。他指出,城市化一共有四个含义:

① 是城市中心对农村腹地影响的传播过程;

② 是全社会人口逐步接受城市文化的过程;

③ 是人口集中的过程,包括集中点的增加和每个集中点的扩大;

④ 是城市人口占全社会人口比例提高的过程。

因此,城市化是指"一定区域内人口由封闭的乡村向开放的城市集中的社会过程"[③]。城市化并不仅仅是乡村人口进入城市,而是乡村人口城市化和城市现代化的统一,是经济发展和社会进步的综合体现。它表现为人口向城市的集中、城市数量的增加、城市规模的扩大以及城市现代化水平的提高,这是社会经济结构发生根本性变革并获得巨大发展的空间表现。[④]

---

① 许学强,朱剑如.现代城市地理学[M].北京:中国建筑工业出版社,1988:46.

② 社群网的密度是指一个社群网中实际存在的人际关系与可能有的人际关系的比例。如在 9 个人中,可能的人际关系为 36,而实际只有 10 种人际关系(直接的),则社群网的密度为 28%。社群网的广度是指人际关系的地域范围的广度(大小),由于城市交通、通信业发达,社群网广度大。社群网的深度是指人际关系的密切程度。人际关系的专门化与单一化是指人与人之间只有工作上或职业上的某种单一联系,没有全面的关系。

③ 林广,张鸿雁.成功与代价——中外城市比较新论[M].南京:东南大学出版社,2000:28.

④ 叶裕民.中国城市化之路——经济支持与制度创新[M].北京:商务印书馆,2001:37.

（2）城市化历史进程

为了研究世界城市化进程所经历的轨迹，美国城市地理学家诺瑟姆（Ray M. Northem）于1979年提出的"逻辑斯谛生长曲线"（Logistic Curve）将以英国工业革命为发端的世界城市化进程分为了三个阶段。其大体的阶段性特征可以从美国的城市化进程图（图2-1）中得到一定的反映。

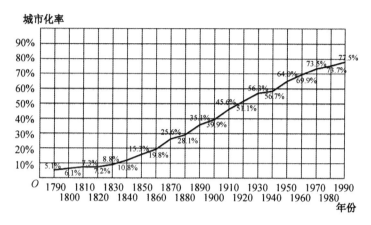

图 2-1　美国的城市化发展曲线（1790～1990 年）

资料来源：[美]戴维·波普诺.社会学[M].李强,等,译.北京:中国人民大学出版社,1999:579

① 初级阶段

城市化刚刚兴起的阶段,城市化率基本上在30%以下。其特征为:城市化水平很低,农业人口占了全国人口的多数;工农业生产水平较低,工业能提供的就业机会极其有限;农业的剩余劳动力释放很慢,农业人口向城市集聚的现象尚不明显,城市化的增长速度也很缓慢。例如,英国城市化水平的年增长率在这个阶段就只有0.16%,法国为0.20%,而美国在1790～1840年的50年间城市化水平也只不过提高了5%左右。

② 中级阶段

城市化加速发展的阶段,城市化率一般介于30%至70%之间。其特征为:农业劳动生产率大大提高,由此产生的大量剩余劳动力不断地向各级城市流动和聚集;城市工业吸纳了大批农业人口,城市化的发展快速而稳定;各国基本上实现了城市化。例如,法国城市化水平的年平均增长率就提高了0.35%,德国同样为0.35%。[①] 美国在1840～1970年的130年间,城市化水平也由原来的10%迅速攀升到了73%。[②]

③ 高级阶段

城市化达到高水平之后的开始减速阶段,城市化率多为70%～90%。其特征为:农业人口的绝对数量和农村中从事农业生产的人口占据了绝对少数;农业人口向城市(镇)聚集已非城市化的主导方向,其就业结构也逐步由第二产业转向了第三产业;从总体上看,城市人口的增长速度明显减缓,并接近于全国人口的增长速度,这表明其城市化已步入了一个高水平的稳定阶段。例如,美国在1970～1980年的10年间城市化水平就只有0.5%的增长,英国城市化水平平均增长率也回落到0.20%。[③] (如图2-2)

---

① 赵树枫,等.世界乡村城市化与城乡一体化[M].北京:社会科学文献出版社,1998:13.

② 叶维钧,等.中国城市化道路初探[M].北京:中国展望出版社,1988:424.

③ 赵树枫,等.世界乡村城市化与城乡一体化[M].北京:社会科学文献出版社,1998:13.

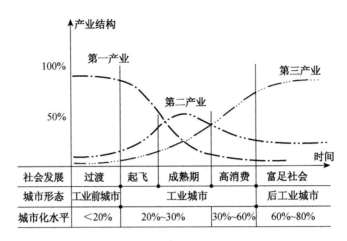

图2-2　产业结构变化与城市发展阶段示意

资料来源:段进.城市空间发展论[M].南京:江苏科学技术出版社,1999:48

2.1.2　住房保障

（1）社会保障

社会保障是指"为对贫者、弱者实行救助,使之享有最低生活,对暂时和永久失去劳动能力的劳动者实行生活保障并使之享有基本生活,以及对全体公民普遍实施福利措施,以保证生活福利增进,而实现社会安定,并让每个劳动者乃至公民都有生活安全感的一种社会机制"[1]。社会保障制度指"国家和社会,通过国民收入的分配与再分配,依法对社会成员的基本生活权利予以保障的社会安全制度"[2]。

在社会主义市场经济体制的建立和不断完善中,我国对原计划经济时期的社会保障制度进行了一系列改革,逐步建立起与市场经济体制相适应,由中央政府和地方政府分级负责的,包括住房保障和失业保障、养老保障、医疗保障在内的社会保障体系基本框架。

（2）住房保障

住房保障体现政府住房政策的本质要求。公共住房问题是绝大多数国家在经济发展、城市化进程过程中不可避免的一个现实问题。住房保障不但具有现实的政治意义,而且具有很强的社会意义和经济意义。人人享有适当的住房是全民性的社会生存权利,实行住房保障不仅仅是为了保护低收入阶层的利益,也是促进社会公平、和谐发展的关键。

住房保障制度是指政府和单位在住房领域实施社会保障职能,对城镇居民中低收入家庭进行扶持和救助的一种住房政策措施的总和,是为解决低收入家庭的住房问题而设置的社会保障性住房供给方式,是多层次住房供应体系的重要组成部分。[3] 住房保障制度实际上是政府向居民提供的一种公共产品,其效用就是通过支付转移的方式实现社会收入的再分配,使广大中低收入和最低收入居民家庭也能够享受经济发展的利益,从而

---

① 侯文若.社会保障理论与实践[M].北京:中国劳动出版社,1991:424.

② 陈良瑾.社会保障教程[M].北京:知识出版社,1990:158.

③ 崔桂芳,关胜学.完善我国住房保障制度的思考[J].建筑管理现代化,2005(3):33-35.

保持分配公平和社会稳定。① 住房保障制度弥补了市场经济的缺陷和不足,对市场经济中弱者和低收入者提供帮助和救济,这一制度提高了市场配置住房资源的效率,体现了社会公平和人道主义精神,是社会稳定、经济发展、社会进步的需要,是实现社会公平和社会安定的助推器。②

有研究者认为,城镇住房保障制度的根本目的应该是帮助社会弱势群体,使他们在市场经济为主的住房体系中获得基本的居住权益;城镇住房保障的对象,是城镇的弱势群体,即中低收入,尤其是低收入阶层中的住房困难户;而城镇住房保障的深度,根据经济发展水平和政策财力,定位在救济性为主、改善性为辅的程度上。③ 目前中国的城镇住房保障制度以住房公积金制度、经济适用住房制度和廉租住房制度为主要内容。

(3) 保障性住房

狭义地讲,保障性住房是由中央或地方政府投资建造的租售住房,例如,在欧洲,第二次世界大战后大规模建设的住房用于出租给居民。广义的保障性住房,其所指范围则要广泛得多,例如,发达国家在19世纪末出现的资本家为雇佣工人建造的"雇佣住房",工人阶级自发联合互助建造的"合作住房",以政府为主、民间住房合作社部分参与建造的"工人住房"和"低收入者住房"。无论是发达国家还是发展中国家,都有保障性住宅建设,例如,美国联邦政府建造的公共住房,英国地方政府投资建设、针对工人阶级的住房,新加坡建屋发展局的公共组屋,瑞典政府建造的公共住房和合作住房等。本书所讨论的保障性住房就是指以上这类住房。

保障性住房是中国在实现住房商品化、货币化的进程中,为解决中低收入群体住房问题,由政府调控和干预住宅市场,并组织建设的一种限定供应对象、建设标准、销售价格或租金标准,具有保障性质的福利或微利住房。主要包括廉租房、经济适用住房、政策性租赁住房(简称公租房)以及两限商品住房。

保障性住房具有以下几个方面的特点:

① 目的是建立和完善与社会主义市场经济体制相适应的住房供应体系,解决中低收入者的住房困难,改善居民生活条件;同时,带动住房消费,扩大内需,为经济增长做贡献。

② 包含的政府优惠政策主要有:对廉租房,采取成本租金的形式租给最低收入群体;对经济适用房,一是建设用地采取划拨方式供应,免交土地出让金,二是在行政事业性收费上给予优惠,减免或减半23项住房开发建设税费。保障性住房的成本由征地和拆迁补偿费、勘查设计和前期工程费、建安工程费、住宅小区基础建设费、管理费、贷款利息和税金等7项构成。

③ 廉租房由政府或机构拥有,用政府核定的低租金租赁给低收入家庭,是非产权的保障性住房。低收入家庭对廉租住房没有产权。廉租房只租不售,出租给城镇居民中最低收入者。在房价疯涨、百姓居住难的背景下,廉租房成为低收入家庭住房的"救命稻草"。

④ 经济适用住房是政府以划拨方式提供土地,免收城市基础设施配套费等各种行政事业性收费和政府性基金,实行税收优惠政策,以政府指导价出售给有一定支付能力的低收入住房困难家庭。这类低收入家庭有一定的支付能力或者有预期的支付能力,购房

① 褚超孚.住房保障政策与模式的国际经验对我国的启示[J].中国房地产,2005(6):53-56.
② 焦怡雪.城市居住弱势群体住房保障的规划问题研究[R].北京:北京大学环境学院,2007.
③ 张泓铭.完善城镇住房保障制度的探讨[J].城市开发,2000(11):18-21.

人拥有有限产权。经济适用房是具有保障性质的商品住宅,具有经济性和适用性的双重特点。经济性是指住宅价格相对于市场价格比较适中,能够适应中低收入家庭的承受能力;适用性是指在住房设计及其建筑标准上强调住房的使用效果,而非建筑标准。

⑤ 公租房指通过政府或政府委托的机构,按照市场租价向中低收入的住房困难家庭提供可租赁的住房,政府对承租家庭按月支付相应标准的租房补贴。其目的是解决家庭收入高于享受廉租房标准而又无力购买经济适用房的低收入家庭的住房困难。这个概念正好被定格在"租赁型经济适用房",以租代售的经济适用房可以说是将经济适用房变成了"扩大版的廉租房"。

⑥ 两限房即"限套型、限房价"的商品住房。为降低房价,解决城市居民自住需求,保证中低价位、中小套型普通商品住房土地供应,经城市人民政府批准,在限制套型比例、限定销售价格的基础上以竞地价、竞房价的方式招标确定住宅项目开发建设单位,由中标单位按照约定标准建设,按照约定价位面向符合条件的居民销售的中低价位、中小套型普通商品住房。两限房并不是严格意义上的"保障性住房"。

我国实行的是土地有偿出让制度,划分保障与非保障性住房的一条分水岭就是土地的使用性质是出让还是划拨。购买经济适用住房者只拥有房屋的实体财产,但并不拥有土地的财产权利。土地非出让的划拨则是政府的买单部分或财产收入的转移部分,这就是住房保障性质的最基本特征。住房的保障性不是要取消市场经济中的商品房,反之正是对完善市场经济、挽救市场危机、刺激经济发展、弥补市场住房商品性缺陷的有力支持,这也正是恩格斯与凯恩斯和类似经济学家支持政府在住房问题上参与干预的理由。

2.1.3 保障对象

住房保障涉及政府的住房保障承受能力,只有政府具有的住房保障能力足以承担起居民所需要的保障量(包括数量和质量)时,住房保障需要量才是能实现的有效保障量。政府住房保障能力受到社会发展水平及经济实力的制约和影响。同时,居民住房支付能力和住房保障的影响因素是随着经济与社会的发展动态变化的,保障性住房的标准、规模、保障程度与保障方式等也随之动态调整。因此,住房保障的对象在每个发展阶段视其发展水平都有不同的内涵,但总的来说,住房保障的对象是"弱势群体"。住房消费具有固定性、长期性、多样性和普遍性的特征;住房消费上的弱势群体和低收入人群高度联系在一起,但也不完全一致。①

本书认为,住房保障对象应包括所有无法正常地从市场获得住宅的低收入居民家庭,既包括具有城镇户口的"城镇居民",也包括城市中大量所谓"流动"却常住城镇的"农业人口"。由于现有的财力情况以及住房保障范围的扩大是一个逐步发展的过程,目前各城市出台的廉租住房政策的保障对象多限定在低保户、优抚家庭中的住房困难户。城市中既买不起房又非低保的"夹心层"家庭和大量的流动人口还没有被完全纳入廉租住房保障范围之内。

(1) 弱势群体

社会弱势群体,也称社会脆弱群体、社会弱者群体,在英文中称 social vulnerable group。它主要是一个用来分析现代社会经济利益和社会权力分配不公平,社会结构不协调、不合理的概念。它是社会学、政治学、社会政策研究等领域中的一个核心概念。

关于对弱势群体概念的定义,学术界存在多种说法。南京大学朱力教授在《脆弱群

---

① 文林峰.城镇住房保障[M].北京:中国发展出版社,2007:5.

体与社会支持》一文中认为,要成为弱势群体必须符合以下条件:"①经济收入低于社会人均收入水平,甚至徘徊于贫困线左右,处于社会底层。②消费结构中绝大部分或全部的收入用于食品,即恩格尔系数高达 80%~90%,入不敷出。③生活质量较低,用廉价商品,穿破旧衣服,没有文化、娱乐消费,并有失学等后果。④除经济生活压力大之外,心理压力也比一般人大,没有职业安全感,经济收入不稳定,常有衣食之忧,对前途悲观。⑤由于能力、素质较差,或生理高峰期已过,缺乏一技之长等自身制约因素,能改变目前状况的机遇也较少,致富较为困难。⑥这种经济上的贫困和社会中的劣势地位,将持续一段时间甚至永久。"①陈成文在其专著《社会弱者论》中给弱势群体下的定义是:一个在社会性资源分配上具有经济利益的贫困性、生活质量的低层次性和承受能力的脆弱性特点的特殊社会群体。②杨团认为,"弱势群体就是在社会各个群体中处于劣势的一群,弱势群体可以从是否丧失具有市场竞争能力的人力资本,是否难于融入所处地域社会的社会生活、难于与其他群体享有平等的公民权利,是否远离社会权利中心和社会对于社会群体的既定评价等角度来定义"③。

上述多种说法从不同的方面和角度对社会弱势群体进行了界定,总体而言,社会弱势群体是由其在社会中所处的较差社会地位和获取社会资源较差的社会机会和境遇因而需要借助外力量的支持等来定义的。按照国际社会学界、社会工作和社会政策界达到的基本共识,"所谓弱势群体是指由于个人生理和社会的原因而导致在经济、政治、社会、心理等方面处于劣势,依靠自己能力无法摆脱弱势地位,需要政府和社会提供支持的社会群体"④。

(2) 居住弱势群体

在住房社会发展领域,居住弱势群体(weak dwelling population)是指一类在社会性资源分配上具有经济收益的贫困性、生活质量上的低层次性和社会承受力的脆弱性的特殊社区居住群体。居住弱势群体是一个随着社会经济发展而逐渐演变的多层次多元化动态进程。

居住弱势群体主要包括以下特点:

① 居住弱势群体的现状居住水平不能满足基本居住需要,包括三种情况。

第一种是居住面积不足,包括无房、拥挤、合住等情况。随着社会经济的发展,基本居住需求的标准也在相应提高,因此对其衡量标准也应采取动态标准。建议参考国际贫困线标准⑤的划分方法,将居住水平低于当地人均住房面积一半的情况,视为居住面积不足,以反映不同地区和不同时期的差异。

第二种是现有住房属于严重损坏房或危险房的情况。根据城乡建设环境保护部《房屋完损等级评定标准》(城住字〔1984〕第 678 号)的划分,严重损坏房屋指部分结构构件严重倾斜、开裂、变形或强度不足,个别构件已处于危险状态;屋面或板缝严重漏雨;内外装修、设备明显损毁、残缺;存在局部危险的房屋。危险房屋指主体结构构件的强度严重不足,稳定性很差,随时有倒塌的可能,采用局部的加固修理仍不能保证安全,需要拆除、翻修的整栋房屋。

① 朱力.弱势群体与社会支持[J].江苏社会科学,1995(6):22-26.
② 陈成文.社会弱者论[M].北京:时事出版社,2000:85.
③ 杨团.弱势群体及其保护性社会政策[J].前线,2001(5):45-47.
④ 焦怡雪.城市居住弱势群体住房保障的规划问题研究[R].北京:北京大学环境学院,2007.
⑤ 经济合作与发展组织(OECD)根据大多数国家的公援标准大约相当于个人中位收入的 2/3 的情况,提出以家庭每月平均收入的一半作为该地区贫困线的国际贫困标准线。

第三种是现有住房设施不完善的情况,包括缺少上下水、电力、燃气、采暖等设施或设施老化无法满足基本生活要求。[①]

② 居住弱势群体的住房支付能力不足,依靠自己的力量无法通过房地产市场住房消费的途径改善目前的居住状况。

③ 社会救助是改变住房弱势群体住房状况必需、唯一、可行的办法。

居住弱势群体大多属于城市社会弱势群体,必须依靠政府提供的保障性住房才能满足基本居住需求。目前,中国城市居住弱势群体的主要构成,包括经济效益低下的企业单位职工,退休金较低且无其他补充来源的退休人员,经济结构调整过程中的失业和下岗(准失业)职工,低收入者或无劳动收入的残疾人和长期患病医治人员等。低收入是其根本特征,他们在住房消费上的支付能力远远低于其他群体,除被动等待所住旧房改造拆迁外没有经济能力通过住房商品化、市场化自主改善劣化的居住条件,其未来的住房消费意愿也难以通过其收入的提高得到实现。此外,城镇约有 8 000 万流动人员(主要指进城打工者),其中大都只能通过低价租房方式获取极其简陋的栖身之处,从而形成了一个大规模的长期性不稳定的城市居住弱势群体。

2.2 相关研究

2.2.1 城市规划学对公共住房、城市更新的研究

城市规划学科对城市更新、公共住房的研究侧重对物质环境的规划设计和改造,与本书相关的内容主要包括城市更新和住房建设两方面。

(1)公共住房

欧美等发达国家实施"公共住房"已有 50 多年的历史,通过国家强大的经济实力为中低收入者提供福利住房是主要手段,如新西兰、瑞典等;在亚洲地区,是通过政府的指导和调控,以市场运作为主解决大量性居住问题,如新加坡。由于各国和地区的经济发展阶段不同,公共住房发展可追溯的历史也有所差别,出现的诱因主要有以下三种:起源于战后重建,二战对各参战国的住房造成了严重的破坏,战后重建成为公共住房发展的一个主要动力,突出的代表是英国和日本;起源于重振经济,20 世纪 30 年代的经济大萧条使美国政府不得不设法通过对住房建造业的干预来刺激经济发展;起源于灾难救助,中国香港的石硖尾大火迫使香港地区政府不得不转变立场,由政府投资兴建公屋为灾民提供住所。

经过几次对于居住区位研究的思潮,国外形成了比较完整的大型居住区规划理念,对于公共住宅区规划积累了许多成功经验,例如,由霍华德的"田园城市"理论、柯布西耶的"光明城"理论和《雅典宪章》发展形成的生态理论,由伯吉斯的同心圆地域结构理论、霍伊特的扇形理论和哈里斯的多核心理论组成的过滤论,以及由反思现代主义兴起的"新城市主义"。中国从 20 世纪 80 年代开始实行城镇住房体制改革,经历 30 年的发展历史,相关保障性住房政策的颁布与实施的时间更为短暂,研究资料的系统性还在不断充实中。目前,国内城市规划学科和建筑学科对于住宅建设的研究主要集中于居住区规划和住宅设计方面。随着住房制度的不断深化以及住房商品化进程的不断推进,以保障性为目的的公共住宅研究开始引起重视,研究的必要性和迫切性日益凸显。针对公共住房

---

① 焦怡雪.城市居住弱势群体住房保障的规划问题研究[R].北京:北京大学环境学院,2007.

的政策制定和销售管理方面的研究文章和论著较多,包括对国内外公共住宅政策的比较研究及政策建议(田东海,1998;俞慰刚,2001;吴晓、张靖,2002等),对于公共住房进行系统规划、建设方面的研究较少,有代表性的是对于居住区位影响因素和居民群体择居行为的研究,例如,张文忠从居民的角度对住宅区位选择进行了研究,分析了房价、阶层分化、居民社会属性、交通通达性和环境偏好等与城市居民住宅区位选择的关系,指出居民对于居住区位选择的考虑因素(张文忠,2001);江曼琦对居民的居住选址行为及由此导致的居住分异进行了研究(江曼琦,2001)。

(2)城市更新

城市更新是指城市形态结构的改造、城市社会经济发展内容的变更和城市生态环境的改善,包括城市人口的流动、城市基础设施的改造和建设、城市功能区的细分、城市用地结构的调整及城市绿地和城市环境质量保护等方面的内容。

第二次世界大战以后的西方城市更新实践大体上都发生了这样的变化,即:清除贫民窟—邻里重建—社区更新,指导城市更新实践的基本理念也发生了相应的变化:从主张进行目标单一、内容狭窄的大规模改造的"现代主义",逐渐转变成主张进行目标广泛、内容丰富的人居环境建设的"住区可持续发展"。[①] 20 世纪 60 年代以后,许多西方学者从不同角度,开始对以大规模改造为主要形式的"城市更新"运动进行反思。其中最著名的有 L. 芒福德的《城市发展史》(1961)、J. 雅各布的《美国大城市的生与死》(1961)、C. Alexander《城市不是一棵树》(1965)等。这些论著从不同立场和学术角度指出了用大规模计划和形体规划来处理城市复杂的社会、经济和文化问题的致命缺陷,而且几乎无一例外地对传统的渐进式规划和小规模改建方式表示了极大关注。

理论界的反思无疑对处在困境中的西方旧城更新实践产生了广泛影响,可持续发展思想和人居环境观念的兴起也促进了旧城更新理论与实践的进一步演变。旧城更新的新形势,诸如:美国的"社区发展计划"(Community Development)以及几乎世界性的"老建筑有选择的再利用"(Adaptive Reuse)、"社区建筑"(Community Architecture);规划理论与方法,出现了 A. 厄斯金的参与式规划、M. 布兰奇的连续性规划、E. 林德布洛姆的渐进式规划以及 A. D. 索伦森的公共选择规划等一系列新的规划概念和方法。尽管各种规划理论和实践之间存在种种差异,但是他们都反对激进式改造,更加关心人与自然环境以及人与社会人文环境的平衡关系,并且更加注重规划本身的灵活性和对环境的可适应性,更加强调规划上的公众参与,关注政府、社区、个人和开发商、工程师、社会经济学者之间形成高效率的多边合作,以有效改善环境、创造就业机会、促进邻里和睦为主要目标。

20 世纪 80 年代以来,中国在城市更新研究领域也进行了大量有益的探索。进入 90 年代,由于经济体制转轨和大规模房地产开发的兴起,大规模拆迁改造式的城市更新开始全面启动,相关理论研究也随之逐渐增多,主要集中在以下几个方面:规划设计问题(刘文杰,1991;张敏,1992;刘敏,1999等)、更新政策与制度的变革(姚立新,1993;阳建强,1994;田东海,1998;方可,2000;邵磊,2003等)、城市更新中居民搬迁与居住问题(张杰,1994;谭英,1997等)、城市更新与城市发展的空间关系问题(岳升阳,1999;唐东铭,1997等)。当前各大城市刚刚出现郊区化的迹象,旧城仍然具有强大的吸引力。在经济结构性调整期间,人口密集、消费旺盛的旧城是许多低收入居民谋生的场所,因此维持旧城居住区的繁荣、维护低收入居民的利益是必须得到解决的社会问题。[②]

---

① 方可.当代北京旧城更新[M].北京:中国建筑工业出版社,2000:3.
② 焦怡雪.城市居住弱势群体住房保障的规划问题研究[R].北京:北京大学环境学院,2007.

近年来,对城中村、棚户区等居住弱势群体集中地区的更新改造问题开始受到广泛关注,研究涉及改造模式选择、改造策略、土地经济、文化存续和实践探索研究等问题(周杰、阳建强,2004;魏立华、闫小培,2005;李俊夫,2005 等)。有研究者对城市"贫困聚居"现象进行分析并以北京为例对贫困聚居的形成、空间分布、聚居形态模式与发展趋势、对策等问题进行了探讨。[①]

(3) 新城发展

新城(new towns)是指在城市以外规划用于重新安置人口,设置住宅、产业、公共服务中心的空间单元,是一相对独立的城市社区。[②] 霍华德(E. Howard)的田园城市理论奠定了"新城"规划思想基础,并通过其积极的新城开发实践,进一步丰富了田园城市理论。而后创建的"新城模型"对整个 20 世纪的规划思想产生了深刻的影响(Peter Hall,1972)。

西欧、亚洲等国的新城规划开发非常重视政府在政策上的支持以及规划和建设上的投入。其中,英国、荷兰、挪威、日本等国尤其强调新城开发中政府的行为;与此相反,更加强调市场作用的当属美国的新城开发。近年来,Michael J. Bruton 在系统总结二战以来英国规划开发的三代新城后(英国的新城开发主要集中在第一与第三代新城开发上),认为主要由政府资助已经不再是当前新城的开发模式,私人部门投资成为新的开发主体,其开发规模也相应减小至"田园城市"最初倡导的规模(Michael J. Bruton,2003)。伊朗 Sistan and Baluchestan 大学的 Hassan Afrakhteh 在《发展中国家的城市增长与新城规划:德黑兰大都市区案例》一文中总结了德黑兰大都市区人口的增长历程和新城规划建设史,论述了新城规划成为德黑兰大都市区人口扩张、交通堵塞、住房拥挤等问题的对策选择,进一步指出在某种层面上发展中国家新城的规划、开发以及所面临的问题同欧美国家具有一致性。[③]

基于政策和发展空间优势,新城往往成为新的产业增长点,能够吸引诸多产业尤其是新兴产业的集聚,进而通过产业带动人口增长。20 世纪 80 年代,Robert A. Henderson 在对苏格兰新城的研究中发现,在财政激励、便于迁址和空间扩张等开发优势的作用下,新城开发能够吸引较多的制造业,制造业的集聚吸引大量就业人口从而带动了整个城市和区域的就业(R. A. Henderson,1984)。对于新城开发中的空间分异现象,B. J. Heraud 则认为过多地在新城区建设工人新村可能造成工人阶级住宅的集中化。社会各阶级与阶层的融合成为新城住宅建设的考虑因素之一,以利于社会系统自平衡的维持和确保社会结构的稳定。

国内关于都市新城的研究与建设起步很晚,直至 20 世纪 90 年代学术界开始大量从国外引进各类新城规划建设经验。赵学彬认为法国城市社会的发展背景,尤其是巴黎的发展背景与巴黎新城建设具有紧密的联系。与法国的差异在于中国土地资源十分稀缺,像巴黎新城那样的低密度、分散的开发模式是不可行的(赵学彬,2006)。日本筑波大学研究员邓奕回顾了日本近 50 年具有代表性的新城规划建设史并在此基础上指出新城规划应遵循从"新城镇"转为"新城市"理念,即将"规划的城市"转为"居民参与经营的城市",新城规划的基本理念是保障城市的可持续发展(邓奕,2006)。张捷和赵民从英国新城开发的经验中得到启示,认为当前中国新城建设需要从以下几方面考虑:①突破传统

① 张高攀. 城市"贫困聚居"现象分析及其对策探讨——以北京市为例[J]. 城市规划,2006(1):40-46.
② 这一定义根据《英国大不列颠百科全书》中的新城定义归纳而成。
③ 朱东风,吴明伟. 战后中西方新城研究回顾及对国内新城发展的启示[J]. 城市规划汇刊,2004(5):31-36.

框架,寻求新的发展空间;②公共政策为指引,公共开发为导向;③平衡各项利益,体现社会公平(张捷,赵民,2002)。张开琳在总结国外及我国香港特别行政区的新城建设和管理经验后,对常州漕桥新城进行了实证研究,提出通过合理选择、整体规划在市域范围内建设 3～4 个设施齐全、环境优美、产业与居住均衡布局、就业与社会阶层多样化的新城的思路(张开琳,2005)。①

2.2.2 社会学对社会分层、社会冲突问题的研究

社会学是对人类社会和社会互动进行系统、客观研究的一门学科,与本书研究相关的主要是其中关于社会分层、分层结构与居住空间以及社会冲突问题的研究。

(1) 社会分层

"分层"原为地质学家分析地质结构时使用的专业名词,是指地质结构的不同层面。西方社会学家发现人类社会存在不平等,人与人之间也像地层结构那样存在高低有序的若干层次,因而借用地质学上的概念来分析社会结构形成"社会分层"这一社会学范畴。社会分层理论的著名代表人物有卡尔·马克思和马克思·韦伯。马克思认为,阶级结构是最基本的社会结构,"在过去的各个历史时代,我们几乎到处都可以看到社会完全划分为各个不同的阶级,看到由各种社会地位构成的多级的阶梯"②。马克思划分阶级的依据是不同社会群体对社会财富的占有度,其指标是一元的。与马克思不同,韦伯是采用多维指标体系来划分社会阶级的。韦伯提出了著名的"三位一体"综合标准:在经济领域存在阶级(class),在社会领域存在身份地位(status),在政治领域存在着政党(party)。韦伯的经典论述后来形成由财富、身份和权利三维指标构成的社会分层体系。不管是从马克思的分层理论还是韦伯的分层理论来看,弱势群体都处于社会的底层。在马克思那里,弱势群体在经济上处于弱势;在韦伯那里,弱势群体不仅在经济上处于弱势、生活贫困,在社会地位和政治地位上,包括教育机会、就业机会、生活方式、政治权利、生活观念等各方面同样处于弱势。近年来国内社会学界对社会分层也进行了大量研究。孙立平教授提出了"断裂化"论点,认为 20 世纪 90 年代中期以来的社会分化导致了一个断裂的社会的出现,其表现形态为相互隔绝差异的两部分——上层社会和下层社会(有时也称为强势群体和弱势群体),经济财富以及其他各类资源越来越多地积累于上层社会或少数精英分子手中,而弱势群体所能分到的利益越来越少,与社会上层精英分子的社会经济差距越来越大,从而形成与上层社会相隔绝的底层社会。③ 目前国内对社会分层的研究主要集中在以下几方面:社会转型与社会分层(刘祖云,1999;陆学艺,2002)、现代化和经济结构调整与社会分层(李强,1996;郝大海,1999;刘少杰,2000)、社会分层的制度和法律机制(杜传贵,1995;李路路,1996)、社会分层的发展趋势(张人杰,1999)、农村社会分层问题(邹农俭,1999;周维德,1999;王强,2000)、教育和职业分层问题(赵利生,1997;郑淮,1999)等。

(2) 社会结构与居住空间

住房是财产的重要部分,特别是对于大多数被雇佣者来说更是如此。住房不仅仅是一个栖身的场所,而且包含了居住者对于自然环境、人文环境、交往对象和生活方式的选择。因此,分层结构和居住空间之间的关系很早就为研究者所注意。恩格斯曾经对 19

---

① 张静.大城市理性扩张中的新城成长模式研究——以杭州为例[D].杭州:浙江大学管理学院,2007.

② 马克思,恩格斯.马克思恩格斯选集:第一卷[M].北京:人民出版社,1995:251.

③ 孙立平.转型与断裂:改革以来中国社会结构的变迁[M].北京:清华大学出版社,2004:153.

世纪 40 年代英国曼彻斯特社会居住空间模式进行过分析,从社会阶层的居住空间分割的角度探讨了英国社会的阶层化问题。现代社会学的研究集中探讨居住与社会封闭之间的关系。例如,英国新城市社会学的代表人物雷克斯对于"住宅阶级"的研究(夏建中,1998);住宅社会学关于住宅的使用差异是人类社会隔离的指示器,客观上形成了社会的阶级隔离、种族隔离和贫富隔离的分析(周运清主编,1991);消费社会学提出的居住空间因社会阶层的分化而产生空间分隔的判断(渡边雅男,1998)等;从不同角度分析了分层结构与居住空间的关系。一些学者还通过运用社会居住分离指数及相应的统计分析进一步研究了职业(社会经济地位)、家庭寿命周期、种族与民族隔离等因子对西方城市居住分离造成的影响(王中兴,2000)。

新马克思主义提出的社会—空间统一体理论(social-spatial dialectic)对社会结构与居住空间的关联性研究提供了崭新的视角,认为(个体与群体)与周围环境(自然与社会环境)之间存在双向互动连续过程。城市的社会结构体系将会影响人们创造和调整居住空间的活动,居住空间作为人的物质社会基础影响人的价值观、态度和行为,进而影响城市社会结构。也就是说,居住空间上的阶层分化特征并非单纯的社会分层现象,也是一种导致社会阶层化、社会封闭趋势显性化的重要机制。不同社会阶层的人们由于受到不同的结构条件的制约,选择不同的居住方式,表现在:在一些生活质量和居住质量十分类似的社区中集中居住着一些在生活条件和生活机会上大致相似的人群;进一步,在这样的封闭性社区中,人们逐渐形成大致相似的生活方式和地位认同,从而在更广泛的意义上产生相对封闭的社会阶层群体。①

(3)公民权理论与社会冲突理论

20 世纪 50 年代,英国著名的社会学家和社会政策鼻祖马歇尔教授首次全面论述了公民权理论。他认为,公民权由公民的民事权利、政治权利和社会权利三者构成。其中,社会权利主要体现在教育制度和社会服务方面。"这意味着所有拥有完全公民资格的公民都享有社会服务和社会福利的权利。"②社会学的深层理念就是"增促社会进步,减缩社会代价",即任何社会的协调发展和进步都不可避免地会付出社会代价,社会代价在多数情况下是由弱势群体承担的。也就是说,当今社会弱势群体问题的凸显是由于社会福利制度不完备和不公平;弱势群体在接受政府及社会的扶持时根本不需要有任何惭愧、羞耻心理,因为政府有义务为他们提供福利和服务。③ 从现实来看,这一解释是具有意义的,住房困难群体的产生也可以部分地归结为传统住房分配制度留有的遗患和现行住房政策的不公,最突出的就是单位性质和效益不同给居民住房条件带来的不同影响以及经济和住房双困户的出现。社会保障制度的不完备、不健全也使住房困难群体的基本居住权益难以得到满足。

社会冲突理论是 20 世纪 50 年代后期形成的西方社会学流派,它强调社会生活中的冲突性并以此解释社会变迁。理论代表人物刘易斯·科塞认为,社会冲突起源于社会的不平等系统。不平等系统中的底层群体越怀疑现存稀缺资源分配方式的合法性与合理性,他们就越有可能起来反抗,从而引起资源的重新分配。从社会冲突理论来看,弱势群体产生于社会资源分配不均,产生于得益群体对弱势群体利益的剥夺。如果处理不好弱

① 李路路,边燕杰.制度转型与社会分层:基于 2003 年全国综合社会调查[M].北京:中国人民大学出版社,2008:217.

② 阎青春.社会福利与弱势群体[M].北京:中国社会科学出版社,2002:28.

③ 周庆刚,董淑芬,李娟.弱势群体社会支持网络与社会和谐[M].南京:东南大学出版社,2007:24.

势群体与强势群体两大利益对立群体的关系,社会冲突可能产生。因此需要全社会努力帮助社会弱势群体,从而维护社会安定。这也为住房社会保障的构建提出了要求。由于社会资源缺乏和社会制度不公等原因造成了社会弱势群体,社会学界提出了"社会支持理论"(social support theory),其内在假设之一就是当个人处于弱势和困境时,从他人处获得支持将有利于提高其能力以改善自身的困境。此外,"系统理论"(systems theory)认为,有机体、个人、组织等都是系统,能量输入系统后,系统内部会发生作用,并向外界输出能量。在此,对住房弱势群体提供的住房保障无疑将成为一种良好的社会支持和能量输入,期望通过政府、社会等方面的努力,缩小弱势与强势群体间的差距,维护社会公平,促进社会的协调发展。[①] 社会学的相关理论使城镇住房社会保障的重要性得以明确,即无论是由于个人先天因素造成的不平等,还是由于社会制度不公的原因,任何社会都会客观存在着"弱势群体",都需要通过社会保障来保障其基本生活的权益,其中就包括作为人类最基本需求的住房问题。

2.2.3 城市地理学对城市空间结构、居住空间分异的研究

城市地理学是研究在不同地理环境下,城市形成发展、组合分布和空间结构变化规律的科学,既是人文地理学的重要分支,又是城市科学群的重要组成部分。[②] 与本书相关的主要是其中的城市空间结构和对居住空间分异问题的研究。

(1) 城市空间结构

城市空间结构是城市地理学的重点研究对象,城市空间结构的主要研究内容是城市各种职能空间集中或分化的形态以及彼此之间的相互关系。居住作为城市主要功能,始终是城市地理学关注的重点之一,住宅地理学派(geography of housing)正是在对住房问题的关注下出现的。关于居住空间的经典地理学理论包括以下两个方面:变迁动力机制的研究和居住空间结构体系的研究。在变迁动力机制的研究方面,"生活方式"与"家庭生命周期"和居住区的对应研究揭示了由于家庭特征而产生的区位选择动力;"推—拉"理论则从城市发展角度总结了居民迁居与城市硬性条件与软性环境之间的关系,揭示了城市发展是导致迁居的外推力。在居住空间结构体系的研究方面,埃里克森关注空间结构的变迁,阐释了城市扩展过程中土地利用的空间与结构演变的三个阶段,对能动地、动态地推动和控制居住空间的扩展提供了基础模型。

20世纪中期以来,针对居住空间的地理学研究有了进一步的发展,尤其是城市扩展过程中,新的驱动机制下的居住空间结构的演变规律研究。二战后伴随着经济的复苏,许多西方城市表现出日益明显的郊区化进程。由于郊区化进程与居住空间扩展有密不可分的联系,从居住空间与其他职能空间的关系出发对郊区化的地理学研究成为必然,包括:郊区化进程中城乡体系人口变迁规律研究,居住、工业、第三产业的郊区化规律及其相互关系研究,郊区化进程中居住空间布局研究等等。60年代以来,由于信息化以及经济全球化对全球产业格局的深刻影响,基于劳动力结构变化的角度研究居住空间成为一个新兴的研究方向。[③]

(2) 居住空间分异

分异是社会学范畴的概念,强调原本同一体中的个体由于不断增长的社会经济属性

---

① [美]乔纳森·H.特纳.社会学理论的结构[M].北京:华夏出版社,2006:50-58.
② 许学强,周一星,宁越敏.城市地理学[M].北京:高等教育出版社,1997:88.
③ 王承慧.转型背景下城市新区居住空间规划研究[D].南京:东南大学建筑学院,2009.

的差异产生了社会距离,从原本群体中不断分开或异化的过程,是一种分离的动态过程。① 居住空间分异是指不同职业背景、文化取向、收入状况的居民在住房选择上趋于同类相聚,居住空间分布趋于相对集中、相对独立、相对分化的现象。② 城市地理学认为居住空间分异现象促进城市用地结构的空间调整、城市整体居住环境质量的提高以及城市空间外缘扩展与完善,③也是社会分层现象的空间体现。

从研究城市社会空间分异的方法论来看,地理学界主要引入了生态学研究方法,具体表现为社会分析和因子生态分析方法。芝加哥学派将生态学过程(浓缩、离散、集中、分散、隔离、侵入和接替等)用于描述城市社会空间的组织与变化,认为城市是一种生态秩序,支配城市组织的基本过程是竞争和共生。在针对芝加哥都市区实地研究的基础上,伯吉斯、霍依特、乌尔曼与贝尔分别总结和修正,提出城市的同心圆、扇形及多核心模式。20 世纪 60 年代的计量化运动,使得基于多元统计分析的社会区分析成为可能,并将其与对比分析方法的应用相结合。

作为城市社会地理空间研究方法的对比分析,不仅涵盖将城市作为区域的时空对比范畴;同时也涉及纵向尺度,不同历史时代背景对以上因素的影响及自身的变化趋势;还包括跨文化、社会系统的国别、区域对比研究。目前国内学者主要集中于对城市社会空间分异的动力机制、极化原因及社会空间分化趋势等方面的研究(顾朝林,1999;徐晓军,2000),处于由传统社会空间向改革开放以后现代社会空间激剧转型前沿的北京、上海、广州、南京等大城市成为研究的热点区域,主要研究层次包括:土地利用与建筑环境的空间分异,邻里、社区组织的空间分异,感知与行为的空间分异,社会阶层分化以及社会空间分异的动力机制研究(吴启焰,2001),结合实证探讨转型期城市贫困阶层居住空间特征及其形成机制等(刘玉亭,2005)。研究表明,城市社会空间结构进一步分异与社会经济变革、城市职能重新定位、跨国资本大量投入、高科技产业密切相关,并已经导致社会极化和不平衡的城市空间增长。

2.2.4 城市经济学对城市土地和空间、住宅和福利经济的研究

城市经济学是城市科学的一个分支,是在城市规划、建设和管理的社会任务要求下,从城市科学内衍生出的交叉学科,主要从经济学角度对城市问题进行分析和研究。由于本论文涉及居住弱势群体在空间的分布特征、城市更新带来的居住空间迁移、居住保障制度与措施等问题,与本研究相关的主要是城市土地经济、城市空间经济、城市福利经济和城市住宅经济。

（1）城市土地和空间

空间资源的分配问题是城市土地经济学的研究实质,"在城市经济中,社会资源的时、空有效配置实际上也就是土地要素与其他社会资源的最佳配置问题"④,因此,城市经济学的核心问题是土地。城市土地既是一种不可再生的稀缺资源,也是城市经济和社会生活的基本空间条件之一,是一种关系到国计民生的全局性和长远利益的资源。⑤ 随着人口的增加和经济的发展,土地稀缺性日益加剧,合理、高效地利用土地资源显得尤为重

---

① 杨上广.中国大城市社会空间的演化[M].上海:华东理工大学出版社,2006:61.
② 侯敏,张延丽.北京市居住空间分异研究[J].城市,2005(3):49-51.
③ 吴启焰.大城市居住空间分异研究的理论与实践[M].北京:科学出版社,2001:4.
④ 吕玉印.城市发展的经济学分析[M].上海:上海三联书店,2000:12.
⑤ 焦怡雪.城市居住弱势群体住房保障的规划问题研究[R].北京:北京大学环境学院,2007.

要。经济学中传统的地租理论认为:城市土地价值的高低取决于土地的区位条件,城市土地地租是该地区交通通达性或交通成本节约的函数,租金被看作是一个分配工具,它把土地分配给出价最高的投标者。① 值得注意的是,这一理论从单纯的经济分析出发,通过建立理想的简化模型,认为市场行为可以使土地资源得到充分高效利用的同时,却忽视了政治因素、社会因素对土地经济的影响。因此,有经济学家指出:"鉴于土地对人们相互关系的重要作用,土地利用的政策和计划就应当——如果还没有这样的话——集中于一个共同目标。这个目标就是改善社会的生活条件。这是应当用来衡量有关土地利用的一切原理和政策的一个检验活准绳。"②城市土地利用的社会目标是"①财富的生产与分配的平衡;②自然资源的保护;③增加土地利用的生活乐趣"③。

城市空间经济学在地租理论的基础上增加了区位选择决策理论,以微观经济学为工具分析由于开发商之间和个体之间相互作用而形成的城市形态类型,用城市土地利用的经济理论阐明不同类型用地的特定区位指向。④ 这一理论认为越靠近城市中心,其收益越大,运费越小,但同时地租也最高,从而形成围绕 CBD(中心商务区)的环形土地利用模式。一些研究者从城市空间经济学的角度提出空间结构优化的目标是"为了实现土地资源配置效率最大化和社会福利最大化"⑤,是城市的经济效益、社会效益和环境效益三方面的协调发展,"表现在时间上,既要考虑眼前利益更要考虑长远利益;表现在空间上,要兼顾局部利益和全局利益,追求经济效益、社会效益和生态效益的最佳结构,以使土地综合效益最大化"⑥。

(2) 城市住宅经济和福利经济

城市住宅经济学指出住宅不同于普通商品,是一种具有高度复杂性的特殊商品,其特殊性表现在住宅的价值高、使用寿命长以及有效供给不足。对于住宅而言,土地成本是其价格的重要构成部分,其中又以区位具有决定性作用。住宅的区位是其相对于其他住宅、工作场所、学校医院、商业服务等公共设施的距离,不同区位的土地价格差值对住宅的价格有很大影响。同时,住宅的区位决定了住户到达各种活动场所的便捷程度,是影响住户进行选择的重要因素之一。住宅是"人类生存、发展的必要消费资料"⑦,享有适当住房的权利属于基本人权,安全、舒适的住房,对于每个人和每个家庭的幸福是不可缺少的。因此,每个政府都把向所有人提供适当的住房作为施政纲领之一,然而仅仅依赖市场的力量却无法实现这个目标,这就使得住宅除了具有商品属性之外,还具有福利属性。⑧ 住宅的福利属性体现了政府为消除住宅的市场分配不公,维护居民基本住房权益的一种社会努力和社会保障。⑨

社会福利经济学中各理论流派的争论,对处理构建住房社会保障制度中的公平与效率、政府与市场等各项关系,提供极好的借鉴和启示。福利经济学创始人庇古的"经济福利"思想:庇古依据边际效用递减规律认为社会需要一方面努力增加国民收入量,另一方

---

① 江曼琦.城市空间结构优化的经济分析[M].北京:人民出版社,2001:22.
② 伊利,莫尔豪斯.土地经济学原理[M].滕维藻,译.北京:商务印书馆,1982:47.
③ 杨团.弱势群体及其保护性社会政策[J].前线,2001(5):45-47.
④ 孟晓晨.西方城市经济学——理论与方法[M].北京:北京大学出版社,1992:116.
⑤ 江曼琦.城市空间结构优化的经济分析[M].北京:人民出版社,2001:93.
⑥ 方可.当代北京旧城更新[M].北京:中国建筑工业出版社,2000:3.
⑦ 卢卫.解读人居——中国城市住宅发展的理论思考[M].天津:天津社会科学院出版社,2000:65.
⑧ 谢文慧,邓卫.城市经济学[M].北京:清华大学出版社,1996:33.
⑨ 焦怡雪.城市居住弱势群体住房保障的规划问题研究[R].北京:北京大学环境学院,2007.

面则由政府通过税收制把富人收入的一部分以投入社会福利设施的形式转移给穷人,如社会保险、免费教育、房屋供给等,这样可以增加货币的边际效用,从而使社会满足总量增加。凯恩斯的国家干预思想则认为市场并不具备自我调剂的功能,国家干预才是调节机制的唯一补救。他也主张通过累进税和社会福利等办法重新调节国民收入的分配,认为社会保障是市场经济的最后一张安全网。[①] 然而,新自由主义者哈耶克认为,维护个人自由和提高经济效率的根本保证是私人企业制度和自由市场经济。"效率"绝对优先论者、美国新自由主义经济学家弗里德曼也认为政府通过收取所得税和遗产税办法干预收入分配过程违背自由社会道德准则。政府广泛的福利计划和减贫计划不仅未能达到目标,反而会造成更多的问题。他猛烈地抨击政府的社保计划,认为包括失业保险、救济、医疗照顾与补助、公共住房等在内的广泛社会保障体系导致社会福利支出的膨胀,主张逐步取消社会保险。[②]

上述不同观点的争论在实践中造成不同国家采取了各有侧重、层次不一的社会保障改革,争论的焦点关键在于如何正确处理公平与效率、政府与市场等对立与统一的关系问题。以意大利经济学家帕累托为源头的新福利经济学便是在公平与效率之间努力达到协调。他提出的帕累托最优概念,即认为只有在一定的收入分配条件下,生产和交换情形的改变使得有些人的境况变得好些,而其他人的境况并没有变得更坏些,社会福利才能说是在增加。这一理论对本书建构中国城镇居民住房社会保障有着重大的启示意义,即一方面要通过社会保障,保证住房弱势群体的基本居住权益;另一方面则继续推行商品化、货币化的住房政策,保证高收入者通过自由选择满足其高居住水平的要求并带动房地产市场的发展。

(3) 垂直公平与水平公平理论

垂直公平和水平公平理论,是通过运用垂直公平和水平公平两个概念共同评价一个国家政策、计划的基本目标和内容特征。垂直公平是指各家庭计划中获得的收入分配程度不同,实际上是通过对财富的再分配来实现"社会公平"。垂直公平的积极计划是使低收入家庭获得额外的好处,消极计划是使富裕家庭获得额外好处,而中立的计划是各阶层的受益相同。[③] 水平公平是指家庭收入分配在计划中受到平等对待。

美国哈佛大学哲学教授罗尔斯在其公平论中提出了如下的公平原则"第一原则:在所有的人均有同样的自由条件下,任何人均享有最大极限基本自由的平等权;第二原则:将社会及经济的不平等加以特别安排,以便使处于劣势者获得最大的利益,并且使所有的人能获得平等的机会。"罗尔斯的公平概念在于个别人的实质性平等,试图通过社会平等政策的帮助使原先存在的不平等渐变为平等,符合公共政策设计基本原则之一——最劣者受益最大原则,即在社会上处于最劣势者获得最优先的考虑和最大利益。

住房公平是经济社会发展阶段的必然产物,也是住房保障体系建设的目标。许多西方学者主张政府通过对中低收入阶层的补助等政策措施缩小他们与中高收入阶层在住房水平上的差距,实现住房公平分配。依据住房公平理论,对于收入水平和住房条件不同的家庭来说应享受不同的住房保障,做到垂直的住房保障公平;对于收入水平和住房条件相同的家庭来说应享受到相同的住房保障,做到水平的住房保障公平。[④]

---

① 褚超孚.城镇住房保障模式研究[M].北京:经济科学出版社,2005:26.
② 李景鹏.城镇住房保障体系方案设计研究[D].大连:东北财经大学,2007.
③ 张静.大城市理性扩张中的新城成长模式研究——以杭州为例[D].杭州:浙江大学管理学院,2007.
④ 李薇辉,傅万基.创新上海住房保障体系的构想[J].上海经济研究,2007(4):10-13.

3 发达国家和地区公共住房的实践发展

3.1 公共住房与城市化

3.1.1 住房问题是城市发展的永恒话题

经济起飞时期的住房保障是世界性难题,无论哪个国家在经济发展和城市化进程中都曾遇到或正在经历这一难题。目前,全世界还有 10 多亿人处在不同程度的住房紧缺和居住条件极为恶劣的环境中,既存在于经济高度发达的美国——有上百万人无家可归;也包括发展中国家——约 30％的居民住在简陋、破旧的房屋中。[①]

参考陈光庭等人对西方城市住宅建设的发展研究[②],归纳现代化城市发展进程中,住宅短缺的现象普遍集中发生在以下不同背景的发展阶段:

(1)快速城市化背景下对住房需求的增加。第一次工业革命之后到 19 世纪末,欧洲处于产业革命带来的城市化外延阶段,大量农村人口涌入城市造成城市住房紧张。

(2)经济发展背景下需求标准的提高。经济发展带来人们生活水平提升、住宅需求标准提高、要求新式优质住宅,造成旧房废弃、新房不足。

(3)社会结构变化背景下需求单元的增加。从 20 世纪初到第二次世界大战前,社会家庭结构出现规模小型化的趋势,导致家庭户数增加。

(4)战争等大规模事件导致住房供应量的严重不足。二战毁坏了大量房屋。德国约 75％城市住宅被毁坏,日本约 30％的人口无房。大部分国家经历了 30 年左右的努力,才基本解决或大大缓解了住宅数量短缺的问题。

此外,即使在发达国家,当城市发展进入稳定期后,城市人口规模和城市化水平基本维持一定的前提下,城市土地需求仍不断增长,包括城市公共空间与配套设施建设的不断扩展,以及旧城中心区的集中改造,由此带来不断提升的居住空间需求和相对有限的城市建设用地之间的矛盾。世界各国住房问题的表现形式,归纳起来主要有三个方面:住房紧缺问题,住房供求不能达到平衡;居住质量问题,住房的质量不能达到城市居民对现代化生活的要求;社会公平问题,城市居民在住房持有化方面两极分化,低收入者无法承受昂贵的房价或租金,居住拥挤甚至无家无房可居,而另外一部分人却拥有豪宅或房屋闲置。

3.1.2 公共住房——解决城市居住问题的主要策略

城市住房政策是为解决以上问题而采取的各种管理手段和方法。从世界各国的经验来看,城市住房政策包括公共住房政策[③]、住房自有政策、住房金融政策、住房补贴政策等(图 3-1)。

---

① 此公共住房政策对应我国的保障性住房政策。
② 陈光庭.外国城市问题研究[M].北京:北京科学技术出版社,1991:88.
③ 李强,等.城市化进程中的重大社会问题及其对策研究[M].北京:经济科学出版社,2009:194.

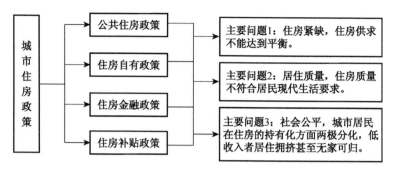

图 3-1 城市住房政策及所解决的主要问题

资料来源:作者根据《公共住房浪潮》相关信息绘制

　　一般而言,世界各国解决不同社会阶层住房问题的办法是:中等收入及以上家庭的住房改善、更新等需求,交给市场解决;而低收入家庭的住房问题,则制定公共住房政策来解决(参见图 3-2)。显然,对各个国家而言,公共住房政策都是解决城市低收入者居住问题的核心福利政策。①

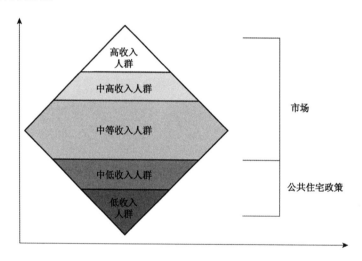

图 3-2 国际住房供应体系示意

资料来源:作者根据《公共住房浪潮》相关信息绘制

　　住房是人类生存发展的必要物质条件,是人类的基本权利。在商品社会中,住房与人的关系变得尤其复杂,住房不仅作为人类栖身的场所,还附加多重功能,承载着生活必需品和投资品的双重属性。快速发展的城市中,并存着无家可居者、住房困难户和拥有多处居所的各类人群。不公平的住房分配成为影响社会稳定重要因素,世界上各国政府都在不断地积极探索解决住宅资源合理分配的有效策略。虽然在市场经济的环境中,住房具有商品属性,住房问题可以纳入"私人物品"的范畴而主要依靠个人解决,但是如果只将住宅视为商品,将市场作为调节住宅的唯一途径,必定有大量的处于社会底层的城市居民,即城市中的弱势群体,不可能凭借自己的收入从市场上获取住宅。与此同时,不可否认住房是具有二元属性的商品,不仅具有商品性,还具有福利性。住宅的经济属性

---

　　① 陈劲松.公共住房浪潮——国际模式与中国安居工程的对比研究[M].北京:机械工业出版社,2005:5.

体现在它作为社会产品经济运行中所固有的性质(卢卫,2000),因此,可以认为住宅的福利性是其经济属性的一部分。将住宅的福利性视为住宅经济属性的重要内容,正是因为在市场经济条件下,即使是福利住宅,也要以商品交换或者"准商品交换"的形式分配。低收入者在获取福利住房补贴的同时,也要尽其可能自行支付部分住房消费费用。提供必需的福利住宅和实行货币补贴,是弥补"市场失灵"的重要手段。[1]

实践证明,世界上单纯依靠市场进行住宅分配的国家是不存在的。即使在美国市场经济高度发达的情况下,联邦政府和州政府仍然采取诸多金融、货币、税收等政策为城市中的低收入者提供社会住宅或者对其进行房租补贴。尤其是在城市化快速发展而全社会出现中低收入居民家庭住房紧张的情况下,没有政府的干预无法有效地缓冲以致解决尖锐的住房矛盾。同时,住房保障的程序是复杂的,必须以政府的权威和系统组织能力来实施,只有政府有能力调动全社会的资源去应对。公共住房是城市发展的一项重要措施,房屋是低收入居民最欠缺的设施,所以,在国家政策中这是一项福利,也是平衡贫富收入不均的一种手段。对于发达国家来说,公共住房通常是所谓调节收入差距的二次分配的手段;对于发展中国家,除了用公共住房保持贫富的比例平衡外,公共住房是解决城市化快速发展所带来的大量住房需求的主要策略。公共住房具有以下基本特征:政策导向性、非营利性、需求有限性、价格低廉性和分配复杂性。[2]

3.1.3 各具差异性的供给模式

马克思根据收入分配的差异,将社会成员分为"绝对贫困阶层"和"相对贫困阶层",并提出国家和政府应当为处于绝对贫困阶层的社会成员提供社会保障住房(卢卫,2000)。随着市场经济的发展,住房市场分配不公平的矛盾越来越突出,住房的二元属性矛盾越来越显化,为解决住房分配不公平问题,世界上各个国家和地区均根据本地的情况制定相关政策并采取相应措施。如新加坡的"居者有其屋计划"、欧洲国家的"社会住宅"、日本的"公营住宅"及中国香港地区的"公共屋邨"等,并对住房政策提供相应的资金支持。在发达国家和地区,政府以各种手段帮助居民购买住房或者租赁住房,特别是对于中低收入阶层,政府利用预算内住房资金、社会保障体系内的住房资金以及相应的税费减免政策等多种措施,对社会保障住房提供支持。在借鉴国际经验的基础上,我国分别在 1995 年提出"安居工程"计划、1998 年提出"经济适用房"政策和"廉租房"政策,大量兴建经济适用住房以及中低价商品住房都是为了解决住房市场资源分配不均衡而采取的有效措施。

综合而言,各国和地区政府在住房政策中的不同角色定位导致普惠式、特惠式和中间模式三种不同的中低收入人群住房保障模式。三者不同在于:"特惠式"住房保障模式面对的人群面较小,例如美国、英国、加拿大等国采取的做法,其保障住宅的量占住宅总量的 6%～10%。"普惠式"住房保障模式面对的人群面较大,例如新加坡的做法,其保障住宅的量占住宅总量的 60%～80%;"中间模式"则介于前二者之间,其保障住宅的量占住宅总量的 10%～60%,如中国香港,48%的居民居住在由政府提供的公屋里。从世界各国和地区住房发展的经验来看,绝大多数国家或地区住房政策的目标重点是帮助那些无力自行解决住房的低收入者解决住房问题。各具差异性的公共住房供给模式的主要区别是为实现上述政策目标而采取的措施和途径不同。

---

① 马光红.社会保障性商品住房问题研究[D].上海:同济大学经济与管理学院,2006.
② 陈劲松.公共住房浪潮——国际模式与中国安居工程的对比研究[M].北京:机械工业出版社,2005:6.

3.2 美国的公共住宅

美国的公共住宅(public housing)是解决中低收入家庭住房问题的主要措施,又称为可支付住宅(Affordable house)。美国 100 多年的可支付住宅建设走过一条从"少数资本家的慈善行为"到以政府为供应主体的"福利国家政策"再到多方合作参与的"福利社会支持"的道路。20 世纪 90 年代后期美国开始运作这种多方合作参与的可支付住宅开发模式,主要由民间的私人非营利发展公司和社区发展社团提供(CDCs: Community Development Corporations)。CDCs 具有积极主动开发可支付住宅的热情,政府主要在政策、资金补助和法律法规方面提供适宜的制度环境。从项目的可行性研究、开发组织、项目设计一直到具体建设都在 CDCs 控制下完成,CDCs 还十分重视公众参与,积极吸纳潜在的居民和周边邻里居民参与设计开发过程,旨在有限资金限制下创造有效利用土地及资源的高质量住区。① 其在规划设计方面具有以下特点:

3.2.1 "创新性区划"提高住宅品质和密度

最早出现在 20 世纪 60 年代的创新性区划,与传统区划相比具有两方面的特点:①提高住宅品质和密度;②增加可支付住宅的供给。由于可支付住宅与市场化住宅混合建设在创新性区划中受到鼓励,因此对于缓解居住隔离问题发挥着积极的作用。传统区划过于严格、刚性,创新性区划则具有较强的灵活性,为了增强场地或区域的独特影响力还融入了各种技术策略:弹性区划(Flexible Zoning)、奖励性区划(Incentive Zoning)和包容性区划(Inclusionary Zoning)等。其中弹性区划允许在商业区建设附属居住单元、居住/工作混合用途的单元,并同时提出强制性的附加要求,例如对建筑高度的限制或步行导向设计等。而包容性区划和奖励性区划则是直接针对可支付住宅的。奖励性区划通过给予建筑密度、容积率等方面的奖励,鼓励开发商提供价格较低的可支付住宅。包容性区划是对住宅开发项目提出预留一定比例可支付住宅的强制要求,包括要求在新建住宅中要有 10%~15% 的单元是可支付住宅,可支付住宅的最低数量是 10 套单元,要求在所有开发项目中都要包括 MPDU 单元(Medium Price Dwelling Units),可支付住宅中大约 50% 是面向最低收入者的等等,同时也往往会包含奖励性措施作为对开发商的补偿。②

包容性区划和弹性区划等创新性区划,卓有成效地在州或城市的层面补充了可支付住宅的数量,从而满足了社会对大量可支付住宅的需求。创新性区划的倡导者认为,这种调节工具营造了不同收入群体混合居住的社区,同时无须地方政府给予直接的财政投入。从创新性区划的实际应用来看,包容性区划能够将被传统区划所隔离的不同群体重新整合起来,包括年轻家庭、退休和老龄家庭、单亲家庭、少数民族家庭等各种类型。通过包容性区划建成的可支付住宅不会形成穷人聚居的"孤岛",而是与市场住房的发展融为一体,能够有效避免单独建设可支付住宅所带来的贫困人口集聚、居住隔离等社会问题。弹性区划能够形成与工作地点邻近的混合使用、较高密度的紧凑社区。与那些以独栋住宅为主的用地相比,创新性区划提高了建筑开发密度,在塑造城镇中心和缓解城市

---

① 王承慧. 美国可支付住宅实践经验及其对我国经济适用住房开发与设计的启示[J]. 国外城市规划,2004 (6):14-18.

② Department to Planning and Community Environment, City of Palo Alto. (2001). Types of Zoning Codes and Formats[EB/OL]. http://www.cityofpaloalto.org /zoning /typesofzoningcodesandformatsdp. html ♯ History.

蔓延方面发挥了重要作用。与传统的刚性区划不同,创新性区划指导下的大型开发项目通常考虑传统邻里的发展和公交优先的开发模式,并保护社区周边的开敞空间,能够营造环境宜人的宜居社区①。

3.2.2 强调开发设计组织的重要性

CDCs 极为重视对建筑师的选择环节。在设计过程中,建筑师必须能够顺利建立起开发团队与住区居民之间的互动关系,既有敏锐的感知力又具备耐心和负责的品质,以获取指引设计方向的相关信息,并在可支付预算下最终营造出令人满意的物质环境和社会环境。因此,建筑师在设计过程中必须能够快速而深入地了解社区,帮助居民意识到某些可能产生影响的特定问题,还要发挥处理好社区中的不同意见并提出解决方案、取得居民支持以获得土地使用和资金许可等积极作用。在 CDCs 拥有的知名建筑师名单中,不乏设计过高质量可支付住宅的建筑师,来自邻里的代表可以参与选择建筑师。CDCs 在选择建筑师时尤其注重以下几方面的能力:合作能力——善于倾听持不同意见者并与其合作;了解问题的能力——善于辨别各类需求并对邻里社会或建筑历史具有敏感的体察能力;技术能力——从最初规划到建设各步骤均能参与和管理。在这种机制下,规划师、建筑师只有积极投入建构富有活力、和谐发展的住区工作中,才能使其规划设计的思想突破单纯物质形体的狭窄领域。

对于住宅区的成功与否,建筑师、规划师的水平固然十分关键,而开发与设计的组织却更为重要。CDCs 的开发与设计组织具有两大特点:①组成完善的设计委员会;②慎重选择建筑师。设计委员会的组成结构包括:指导委员会②、邻里居民、使用者代表和物业管理方等,并且在一开始就介入到住房开发过程中去。设计委员会通过自身的努力,充分研究和考虑了可支付住宅居民和邻里的要求,促进了一个健康稳定的住区实现,即使是出租型的可支付住宅,也常常出现居民长期生活至儿女成人的情况。

3.2.3 空间上分散可支付住宅

空间上分散可支付住宅是促进整合的一个方面。社会整合是指每个人或者每个社会群体能够充分地参与到社会活动中。社会地理学中的芝加哥学派也意识到社会群体之间在地理空间上共生关系要远远大于竞争关系,高收入者住区也需要低收入者提供的服务,繁荣的城市中心是不同社会群体在中心区相互依存的产物。

在经历了早期的大规模开发后(如二战后经济复苏和小汽车普及时期的郊区化),美国的城市化进程早已渐趋稳定。目前其住宅建设包括可支付住宅的建设大多是社区(住区)渐进式发展的组成部分。非营利发展机构和 CDCs 均立足于已趋稳定发展的社区(住区)的需要,决定可支付住宅的选址和规模。因而从宏观的角度而言,美国主要城市的可支付住宅都在一定程度上较为均匀地分布在城市的各个角落,选址呈现出多样化的特征,既有在城市旧区的,也有在城市郊区的,还有的分布在乡村。规模以小型化为主,用地面积小至几千平方米,大至几公顷,避免过大规模的可支付住宅集中在城市的某个部分,不仅防止了由于空间聚集而导致的某些不良社会问题和反社会行为,而且有利于住在可支付住宅的住户享受到更好的基础设施以及获得更好的谋生方式,增进社会各阶层

---

① 焦怡雪,刘涌涛. 美国以创新性区划促进可支付住宅发展的经验和启示[J]. 城市发展研究,2007(3):59-62.

② 代表 CDCs 参与开发的组织,其人员构成很丰富,涉及各行各业,有专家、商人、神职人员、建筑师、热心的公民等。

的交流,促进经济的共生发展。

美国可支付住宅的开发也曾经历大规模低收入住宅集中建设,由此引发持续失业、滥用毒品等社会问题,再加上缺乏必要的维护与管理,导致公共住宅集中地区环境的恶化。后来,政府采取"掺沙子"的做法,将低收入住户分散到其他人群居住的社区中去。这项政策的主要内容是政府用减免税收的办法,鼓励私人开发商进行住宅区开发时,能提供一定数量的低收入公共住房,从而将这部分人群分散到中产阶级及其他居民社区中去。同时,政府向低收入住户发放住房券作为补贴,使其可以自由地在各类租房市场中租赁房屋居住。这样做也有助于将低收入住户"溶解"到其他城市社区中去。政府还鼓励私人投资建造低收入住房以减少政府财政的压力,同时增加住房资金的投入。这样通过政府与市场的结合,可支付住宅就自然均匀地分散开来。

3.2.4　重视与社区规划的协调关系

成功的可支付住宅必定与优秀的社区规划相关,这是美国可支付住宅的经验所在。从 1994 年起,住房与城市发展部(HUD)要求申请 HUD 资助的社区必须提交关于可支付住宅的需求和证明其适应当地文脉的规划,从而使可支付住宅的建设必须立足于社区规划。为使工程可以提升社区活力,非营利和官方住房机构参与到长期的社区规划和建设中去,而不是孤立地专注于某项工程的建设。

社区规划不是单纯的物质形体规划,更注重社会发展规划,物质形体规划要以社会发展规划为基础。美国的社区规划与可支付住宅建设相关的内容包括:通过评估住房需求,有助于开发者最终确定社区在未来一段时期内需要什么样的住宅,包括面积、价格和建设量等;通过确定建设目标和制定相应策略因地制宜,分清轻重缓急,逐步满足需求;进行现状评价,一方面用照片、地图、文字等多种形式对现状加以描述,表达出现状条件与住房需求之间的关系,并欢迎社区参与者对现有建筑、街道、公共场所、交通等与社区生活的关系畅所欲言,他们通常会说出一些局外人难以体察的对于某个场所或建筑的特别感受;另一方面,现状评价还应包括社会经济方面的内容,因为物质形体的外在表现与真正内在的社会经济环境有时并不一致,比如有些已经老化或看起来不甚整洁的住区却充满社区活力,而有些外观整洁漂亮的住区却有这样那样的社会问题;对社区发展前景进行描绘,以地图、图表、草图形式表达出物质空间形体可能发生的变化,以文本形式反映出物质形体规划与社区发展目标和策略之间的关系,特别要明确阐明可支付住宅的发展图景,以促使未来居民和原有邻里居民更易理解并接受可支付住宅在该社区的建设。[①]

3.2.5　向城市公共空间(街道)开放

空间句法学派的 Bill Hillier 从 20 世纪 70 年代就开始采用定量的方法研究英国社会住宅(即廉租住房)的空间关系与社会经济关系。首先,社会低收入住宅如果聚集成为大规模的封闭住区的形式,那么住区的衰败是不可避免的,而且容易形成犯罪聚集地。这是由于这样的小区与城市公共空间联系很少,城市日常人流车流都不会通过这些小区,低收入者自然失去了便利的谋生方式,比如摆个小摊或者开个小店。其次,如果强行要求封闭社会小区内既住有高收入人群又居住低收入群体,也是会失败的,因为不同收入群体不会愿意在小区的半公共空间内进行"强迫性"交往。最后,公共街道模式将是最

---

① 王承慧. 美国可支付住宅实践经验及其对我国经济适用住房开发与设计的启示[J]. 国外城市规划,2004(3):14-18.

适合低收入群体生活的空间方式,既可以保持一定的聚集,又能依靠街道交往与谋生,同时其他社会群体也能够参与到低收入群体的日常生活里(商业,如蔬菜店)。Bill Hillier 还发现,通过街道混合不同社会群体可以形成真正具有活力的城市生活景象,虽然市容可能有些杂乱,但是这里的犯罪率会远远低于单一社会群体的住宅区,而且能够提高低收入群体的就业机会,也有利于增进相互的交流。对于不同收入人群如何和谐相处,其融合的方式以及融合的程度都是值得研究的课题。

美国的可支付住宅作为社区渐进式发展的一部分,十分重视与相邻居住区的融合。"协调"成为建筑形式以及功能构成的指导原则,邻里和居民的满意度是最终的评价标准。设计者和使用者不再只关注设计的独特性,邻里文脉的延续才是设计思想强调的内容,因而在设计过程充分重视当地居民所拥有的物质空间和社会记忆。某些具有价值或成功的邻里建筑模式和空间模式,例如,传统居住型街道——由前门廊、街道树、面向人行道的前院所构成的具有亲切尺度的街道,是非常适宜居民散步交流、孩子们玩耍的公共活动空间;建筑的尺度和细部——如与街道相联系的部位(门廊、飘窗、骑楼、小阳台等),建筑师都非常重视,并在可支付住宅的设计中将这些元素加以运用或者加以"变形"运用,这些细部则往往沟通了户内空间与外部空间,增加了街道人与人观望和交流的乐趣,使居住环境更有活力和社区感。

3.3 瑞典的公共住宅

瑞典以住区规划合理、保护良好和没有贫民窟而在全世界闻名,良好的居住环境成为优美城市环境的主体,为城市带来了勃勃的生机和活力;即使在低收入人群居住的公共住房中,更多的是和谐与居民对生活的乐观追求。瑞典政府提供的低收入人群住宅品质都非常好,选址也尽量在交通便利、配套齐全的区域,规划和设计标准较为一致,都是集合住宅并且在建设标准上是清晰而统一的;另外,政府一直努力达成的重要一点,就是不要使公共住房成为新的贫民区,采用货币补贴方式对此具有极大的帮助。

3.3.1 控制公共居住用地的空间布局

在土地利用规划方面,瑞典政府采取的主要手段是用具有法律效应的规划权利和其他建筑规范与财政补贴手段相结合,控制公共居住用地在城市中的空间布局及其居住形态。

瑞典政府充分运用规划作为实施住房政策的工具,并通过一系列立法来补充和强化规划系统。瑞典 1947 年建筑法(1947 Building Act)主要就是赋予地方政府(州政府和市政府)规划权利,又称规划独裁(planning monopoly),使之能充分自主确定在何时何地做何种发展,从而强有力地控制土地使用和住房供应。[①]

这种规划系统建立在长远发展规划的基础上,就城市而言,分为总体规划(master plan)和市镇规划(town plan)两个层次。总体规划建立在人口预测和经济发展状况分析等基础上,表明土地使用性质和强度,是土地用途的最终决定。市镇规划则更详细地表明各个地块的界线、建筑物的数量等。市镇规划必须经州政府(County Government Board)批准,通过法律程序保护,一般由市政府指派的机构——建筑委员会准备规划方案,确定后公布并对土地主和其他利益团体进行公众咨询,经修改后送交州政府批准。市镇规划一旦批准就具备法律效力。当然,对批准后的规划不满的个体或团体仍可提出反对,因为对市镇规划最终的审定权还在中央政府。

---

① 田东海.住房政策:国际经验借鉴和中国现实选择[M].北京:清华大学出版社,1989:106.

如果说上述规划权利及相应法规使政府可以成为最大的土地所有者的话,土地状况规则(land condition rule)则进一步对土地上的住房建设加以限制,从而最终完成了政府对住房建设的控制。该规则指出:只有在政府出让的土地上建设住房的企业,才能获得政府补贴的贷款,建设独幢小住宅除外。瑞典政府的这套规划和土地国有化政策强有力地阻止了住房土地投机。政府几乎从不改变规划确定的土地使用性质,使想改变土地使用性质的投机者无机可乘。当然,这种土地政策使土地"市场"无竞争性,由政府确定在某些地段建设的住房由于缺乏市场导向,住房的空置和转手率都较高(B. Harsmans, J. M. Quigley, 1991)。瑞典政府运用规划权利控制城市郊区的住房密度和建筑类型,使斯德哥尔摩等大城市并未形成城市郊区大规模低密度底层住房的蔓延,中高密度的多层和高层住房与低密度的住房在城市中心区和郊区合理分布(B. Harsmans, J. M. Quigley, 1991)。

3.3.2 推行住宅标准化和工业化

长期以来,瑞典政府非常注重通过立法提高居住标准,为解决住房问题制定了一系列比较切实可行、具有连续性的住房政策和法规。如 1972 年的《建筑条例》对房屋的改建、建筑物的管理维修、拆除等做出明确的规定;1973 年通过的《住宅更新法》,规定房主必须改善不符合最低标准的住房,国家给予贷款和必要的补助,以促进旧住宅的现代化。

在 20 世纪初期,住房危机严峻,工人阶级的居住环境十分恶劣,国家给予的支持离期望的广泛程度相去甚远。1921 年出版了第一部为工人阶级的住房提供规划、标准的《实用卫生住宅》,该书为出租的小套型公寓制定了"最低社会住房标准",用来确保由国家贷款建造的住宅能满足基本标准。该书的内容包罗万象,包括设计细节、住房规划和类型、平面设计、房间大小和门的位置等。这是为普通人制定住房规定的第一次系统的尝试。① 瑞典住宅标准化规范的制定与住房委员会进行的一系列住宅研究有关,该研究内容涉及住宅布局、模数协调、厨房和卫生间的大小以及所需的设施、门窗的做法等。(1940~2004 年瑞典公共住宅的建造情况详见表 3-1)

表 3-1　Age and size distribution of MHC dwellings 2004

Year built	1 room	2 rooms	3 rooms	4 rooms	5 or >	Other②	Total	%
1940	6 000	11 600	6 700	2 100	700	1 300	28 400	4
1941~1965	34 200	111 900	85 300	19 900	4 100	21 700	277 100	37
1966~1970	14 100	39 500	48 600	15 700	2 900	8 300	129 100	17
1971~1975	13 600	41 800	43 900	12 200	1 500	9 700	122 700	16
1976~1980	3 500	15 300	15 000	6 700	1 200	2 000	43 700	6
1981~1985	2 200	17 700	13 900	7 800	1 500	1 200	44 300	6
1986~1990	4 000	21 700	15 200	7 200	1 400	1 800	51 200	7
1991~	5 500	24 100	17 000	7 900	1 500	3 200	59 200	8
Total③	83 100	283 600	245 500	79 500	14 800	49 200	755 700	
%	11	38	32	11	2	7		

资料来源:Swedish Association of Municipal Housing Companies (SABO) home page

---

① 郭琰.瑞典集合住宅研究[D].天津:天津大学建筑学院,2007.

② not including specialty housing(不包括特殊住房).

③ dwellings without a kitchen(没有厨房的住宅).

作为当今世界住宅工业化最发达的国家和最大轻钢结构住宅的制造国,瑞典国内80％的住宅采用以通用部件为基础的住宅通用体系,其工业化住宅公司生产的独户住宅已经畅销世界各地;其轻钢结构住宅预制构件达95％,并通过集装箱发运至欧洲各国。[①]瑞典推行住宅建筑工业化过程中是在较完善的标准体系的基础上发展通用部件。20世纪40年代,瑞典就着手建筑模数协调的研究,在60年代住宅大规模建设时期,建筑部品的规格化已逐步纳入瑞典工业标准(SIS),使通用体系得到较快的发展。瑞典政府明确表示,建筑工业化的发展方向是通用体系化。

建筑的工业化要针对建筑最终产品,全面考虑建筑物的主体、装修、设备三个方面。在推行建筑工业化的开始阶段,限于当时的经济、技术条件及住宅短缺的现实,工作重点通常都放在主体结构上,但是随着条件与需求的不断变化,在发展主体结构工业化体系的同时,逐步将注意力转移到装修和设备上来。瑞典国家标准和建筑标准协会(SIS)出台了一整套完善的工业化建筑规格、标准,如浴室设备配管标准(1960)、主体结构平面尺寸和楼梯标准(1967)、公寓式住宅竖向尺寸及隔断墙标准(1968)、窗扇、窗框标准(1969)、模数协调基本原则(1970)、厨房水槽标准(1971)等。另外,还根据《关于 CE 标识的法案》(1992),建立了建筑产品认证(CE 标识)制度,并充分考虑住宅套型的灵活性。

3.3.3 鼓励住户参与规划、建设和改造

瑞典的住宅建设和住宅政策的制定都十分重视住户的意见,并鼓励住户参与其中。在各项与住宅有关的调查中,都邀请许多家庭或者其他住宅的使用者参与调查,对他们提出或表现出的问题给予充分的考虑,这样使得政府所采取的各项措施,能够切实可行地解决各类人群的居住问题。住户对规划的影响主要体现在合作建房中,合作建房通常是由一定数量的住户发起的住宅建造运动。因此,住户对于要建什么样的住宅和希望住在什么样的环境中,有充分的选择权和决定权。通常的做法是召开一个解决问题的座谈会,进行咨询或民意调查,用协商的方式最终确定规划的方案以及住宅的一些细节。另外还有一系列鼓励住户影响和参与设计的尝试,渗透到从总体布局到详细规划等不同的规划阶段。

在合作建房中,由于住宅合作社是由住户组成的合作组织,他们理所当然可以参加住宅的设计,并且在住宅建成之后通常也是由他们负责管理的。因而住户的影响更为突出,住户不仅可以挑选住宅的形式,还可以在设计初期就提出自己的要求,这样,住户对于居住的需求就能够得到充分的重视和及时的反馈。住宅合作社建造的住宅,能够充分地满足不同住户的各种需求,从而避免大量的盲目建设。通常合作建房的空房率远低于政府或私人开发公司建造的住宅(图 3-3、图 3-4)。

住户对住宅的影响在旧城改造的过程中得以提高和完善,例如斯德哥尔摩德地内城改造,其做法是居民代表通过"租户联合会",以协商的方式参与规划过程,并有权对最后的定案实施影响。在旧建筑的改建中,原有住户的意见也得到了充分重视,因为原有住户对于该住宅的问题最为了解,对于住宅的改造方向也最有发言权,甚至改造本身的活动也邀请原有住户参加。这样不仅在节约能源和保护旧建筑等方面有一定的贡献,最重要的是在这个过程中,这种做法使得居民有集体感和认同感,对于整个社会的稳定十分有益。

---

① 瑞典和丹麦的住宅产业[EB/OL]. http://www.chinahouse.gov.cn/zzbp5/z1062.htm.

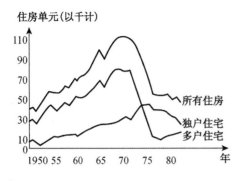
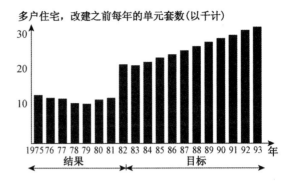

图 3-3　1950～1980 年瑞典新建住宅数量变化　　图 3-4　1975～1993 年瑞典通过改建增加的住宅数量

资料来源:斯文・蒂伯尔伊.瑞典住宅研究与设计[M].张珑,等,译.北京:中国建筑工业出版社,1993:11

3.4　日本的公营住宅与公团住宅

日本公营住宅①是由日本各级政府建造并管理的向低收入者出租的住宅,公团住宅②是面向中等收入者进行的出售或出租住房。日本公营住宅和公团住宅的形态大多是以集合住宅的形式出现的,其显而易见的优势是节约土地及利于大量化建造。

3.4.1　高速城市化时期的规划措施

20 世纪 70 年代以后,日本经济的飞速发展造成产业结构的变化,土地价格异常暴涨,城市中心区的人口向郊外转移,出现了居住用地枯竭的问题,并且要提供在价格上让普通人能承受得起的住宅越来越困难。为了解决这些问题,日本政府采取了以下规划方面的应对措施:

(1) 提高建筑容积率以降低土地成本。土地费用的上涨是引起住宅价格过高的最大原因,因此控制土地费用、降低每平方米住宅的土地成本十分关键。以高效利用土地为前提而提高建筑容积率的做法成为主要策略。日本政府从根本上调整城市规划,根据每一个公营住宅和公团住宅具体项目,对其所规定的建筑容积率进行调整,并放松对建筑容积率的限制。

(2) 非住宅建筑与住宅结合开发以分摊土地成本。与其他建筑相比,住宅价格相对较低,因此住宅承受土地费用的能力也就较弱。那么,在土地价格较高的土地上建造住宅的同时建设土地承受能力高的其他建筑是一种有效的方法,还提高了公共性质住宅对居民的吸引力。

(3) 利用国家的旧城改造制度降低造价。根据城市改建法制定的旧城改建制度是城市住宅供给的有效手段,包括变更城市规划中规定的用地性质和建筑容积率、确定高效利用等区域城市规划的指导性地区、在公共设施的建设费和旧建筑拆除等方面提供补助

---

①　公营住宅是指由接受国库补助的地方公共团体,为低收入者建设的、租赁的低租金住宅。2005 年其数量达到 218 万户,约占日本实际居住户数的 5%。

②　住宅公团是致力于日本公共住宅建设的公共团体,由住宅公团建设的住宅称为公团住宅。公团建造的住宅包括租赁住宅和可售住宅。据 1989 年统计,可提供约 129 万户住宅,约占二战后日本住宅建设总户数的 7%,在解决城市中低收入家庭的住房问题和缓和住宅短缺方面做出了很大贡献。

和支持。公共住宅、面向家庭的优质租赁住宅和公共性的建筑等一些有特点的改建项目,都能够以某种方式获得资金的补助。

3.4.2 小面宽、大进深的节地设计

土地的紧缺使得公营住宅必须向高层发展,而为了降低造价,以较少数量的电梯服务更多的住户,外廊式高层住宅成为公营住宅的主要形式。公营住宅楼栋的外部形态经历了从"楼梯间并联式"向"电梯外廊式"的转化,其中一个重要的影响因素是公营住宅建造标准中关于电梯设置规定的变化。20世纪90年代之前仅规定6层以上必须设电梯,1990年规定:5层的住宅应当考虑老年人和残疾人在使用时应设电梯。1991~1998年规定:5层以上必须设电梯,3~4层的住宅应当考虑老年人和残疾人在使用时应设电梯。而1999年的规定是:3层以上住宅都必须设电梯。(图3-5)

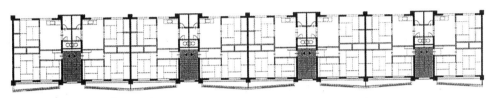

楼梯间并联式住宅楼层平面

电梯外廊式住宅楼层平面

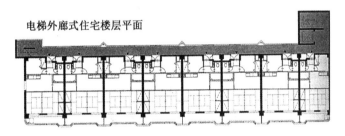

图3-5 公营住宅楼层平面示意

资料来源:林文洁,周燕珉.日本公营住宅给中国廉租住房的启示——以日本新潟市市营住宅为例[J].世界建筑,2008(2):29-33

为了应对低收入家庭的居住问题日本政府采取了许多办法,大力推进小户型就是一个有效的办法。在土地资源十分紧张的日本,多数套型专用面积都在90平方米以下,三居室的套内面积也基本上在90平方米左右。可见日本具有政府示范性和引导性的公共住宅,套内建筑面积标准并不高。值得注意的是,为争取较高的容积率以节约土地,日本集合住宅的套型平面大多采用大进深、总面宽小的设计,较大三居室为8米左右,而进深则在11~13米之间,一居室、二居室的总面宽一般就在4.5~6.6米之间。隔墙采用轻质装配显得十分灵活自如。对电梯设置的要求,不仅引起了住宅楼外部形态的变化,对于住户平面的空间构成也带来了影响。套型结构大体是通道位于中间,卧室靠近住宅入口玄关附近,并不强求南向;住宅中部一般为卫浴空间和厨房,厨房不要求必须对外开窗(日式餐饮清淡);起居室则位于最南端,一般与餐厅厨房共同构成公共空间;和室一般与起居室相邻设置,可间接采光而不必直接临窗,从而节省了面宽。

3.4.3 "nLDK"标准模式与精细化设计

日本的集合住宅一直坚持小面积的方针,1949年提出了最初的标准设计方案,其中

有代表性的是面积只有 40 平方米的公营住宅标准设计 51C 型。以后每年都要推出标准化的设计，并不断公布建设标准。通过居住实态调查，把"食寝分离""就寝分离""干湿分离"和"公私分离"的理念融入了标准设计中去，建立了 nLDK 型套型设计模式，由 n 个卧室和起居室及餐室、厨房等空间组成，从而确立了集合住宅的标准模式，使关于集合住宅的研究进入精细化的阶段。按家庭人口为依据，用"家庭人数减去夫妇对数"来计算卧室数量，使集合住宅进入了保证居住实态和注重实效的阶段。除此而外，老年住宅的"亲子型"的二代居、三代居住宅也得到了发展，在设计上又分为同居型、分居型和邻居型三种(图 3-6)。①

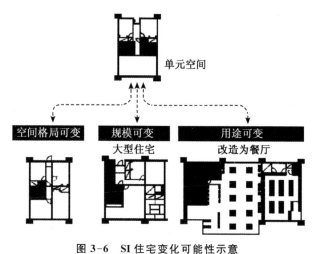

图 3-6　SI 住宅变化可能性示意

资料来源:安艳华. SI 住宅的可变性及其技术浅析[J]. 沈阳建筑大学学报(社会科学版),2008(01):19-23

尽管 nLDK 住宅被确定为集合住宅的标准形式，公营住宅仍然在个性化和多样化方面进行了许多尝试。有弹性的建造标准只规定套内总建筑面积的范围，为设计提供了较大的灵活性，以适应生活方式多样化的需求。例如，根据居住者的情况，设定针对性的平面;提供不同价值观的居住生活方式的相应住宅;居住者能自行装修和自由分隔;提供自由组合灵活住宅;另外，还考虑由于人口结构的变化，在居住以后可以分隔变化的"可变型住宅""顺应型住宅"。

室内设计在日本被认为是最能体现居住生活行为的地方，因此，需要更加精细地设计。各个空间的设计定位很亲切，公共活动空间首先要考虑家具位置和使用;空间要能互为借鉴渗透，小中见大，充分发挥空间的作用。一般来讲，室内每平方米和每个空间都不会轻易浪费，恰到好处地发挥作用。比如，卫生间在日本被细分为洗浴、洗面、如厕三个独立的功能空间，使业主既拥有了完整的卫浴功能，又可多人共用且功能之间互不干扰，使用方便舒适，完全没必要再安排另一个卫生间，从而节省了居住面积。

对某些设备角落或空间富余处加以利用，成为储存与收纳的空间。如洗手台盆下设置储物柜，走廊设置吊柜，管井与墙体之间增加储物搁板等，都是一些化消极空间为积极的方法。

日本住宅精细设计的程度可见一斑。将某些功能分区合并或者连接，不做明确的限定。如许多中小户型中都是起居与餐厅合二为一，甚至一些较小的户型厨房也设计成开敞与半开敞的形式，虽然从独立性上有欠缺，但往往可以获得更加开敞的空间感。日本起居室与和室的设置方式就是一种值得借鉴的经典做法。和室(榻榻米)作为日本特有的第二起居空间，一般与起居室相邻设置，用推拉门加以分隔。推拉门也完全可以打开移走，使和室与起居室形成连通扩大的空间，并能分时使用。以轻质材料，透光材料或多用途家具等活动构件分隔不同的功能区，减少固定的墙体，使得室内空间流动开敞而不闭塞，同时也使得户型可以根据功能的变化而改变空间的形态、位置和尺寸，具有更强的

① 日本目前制定了最低居住条件,即 4 人居住在 50 平方米建筑面积的家庭为最低居住标准户。

适应性和实用价值。日本的住宅多采用框架结构,室内较少承重墙,轻质的隔墙、推拉门与壁柜等储藏空间结合设置,灵活且能充分利用空间,能够从不同角度满足居住者的需求(图3-7)。

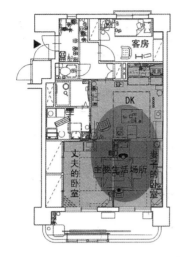 

灵活隔断利于空间的有效利用

图 3-7 灵活隔断利于空间的有效利用

资料来源:林文洁,周燕珉.日本公营住宅给中国廉租住房的启示——以日本新潟市市营住宅为例[J].世界建筑,2008(2):29-33

3.4.4 公有集合住宅的更新与团地再生

20 世纪 70 年代以后,住房危机在经济复苏和社会住宅的积极建设的过程中得以缓解,"全日本从 1948 年缺住宅 280 万套到 1978 年拥有住宅 354.1 万套,超过需要量 8%"[1]。随着国民生活水平的逐步提高,注重居住品质成为住宅发展重点。但由于初期公团提供的住宅,限于当时只是看重交通和选址条件,而并未更多地考虑对工程用地的有效利用,许多住宅并未达到目前的居住水平,并且住宅的设备也远不能与今天的生活水平相比。[2]

1981 年,日本住宅公团与宅地开发公团合并,成立了"住宅·都市整治公团",公团开始了居民区改建事业。这时,对住宅和住宅建设需要已经从量到质的转变。初期改建事业所建造的居民区,多数在以整治的城市基础设施的城区中心,工程用地一般属于中等规模。尽量适应区域街道景观,努力保留具有象征意义的居民区原有的风景和社区风格,并通过新建和改造停车场与集会场所等设施,把优良的都市型住宅提供给居民(详见表 3-2)。

进入高速城市化阶段以后,城市发展速度放慢,1992 年公团制定了国家公共租赁住宅改建 10 年战略,与各种事业主体联合,制定综合性计划,共同推进改建事业。新的"都市基盘整治公团"的任务已不再是大量建设住宅,而是向都市整治转向。此外对于公团着手改建的居民区,大规模的用地增加,对地域的影响也变得越来越大。由此可以看出,改建工程绝不仅仅是住宅(居民区)的改建,而是与公共团体的各种政策加以整合,成为城市建设事业整体规划的一部分。居民区的再生被作为城市建设的试点,通过城市基础

---

① 西山卯三.三十五年来日本生活方式和住宅状况之变化[J].世界建筑,1983(3):16-20.
② 丁士泓.日本公有住宅研究[D].天津:天津大学建筑学院,2008.

设施建设、公共公益设施再整治等方式,强化地域活力,并以居民区再生为目标,加紧推进改建事业。①

表 3-2 5 个住宅建设时期与 5 年规划比较

时期	背景	规划的目标
1966~1970 (一期)	需解决原有缺口:需满足经济飞速增长引起人口大量涌入城市造成对住宅的新需求	解决住宅短缺,实现"一宅一户"的目标
1971~1975 (二期)	需继续解决住宅缺口;需满足由于战后"婴儿高峰"代的住宅需求	解决住宅短缺,新建住宅以实现"一室一人"的目标
1976~1980 (三期)	已有充足的住宅单元,从长远看须提高住宅质量	设定两个基本住宅标准: 1. 最低居住水准——分别于 1980 年和 1986 年消除半数及全部不符合标准的现有住宅;2.平均居住水准——到 1985 年半数住宅达到此水准
1981~1985 (四期)	继续提高住宅质量,尤其是大都市的;努力满足由于战后"婴儿高峰"代的购房需求	继续实现最低和平均居住水准目标;建立"居住环境标准"的目标
1986~1990 (五期)	需为 21 世纪的稳定、舒适的生活建造高质量住宅	设定新的住宅标准: 1. 最低居住水准——与原来的类似。在此期间,尽快消除一切低于此水准的住宅; 2. 诱导居住水准——到 2000 年半数住宅达到此水准。 a. 都市居住型——都市中心及周边的集合住宅 b. 一般型——郊区的独户型住宅 继续按照"居住环境标准"改善居住环境

资料来源:日本的住宅规划、建设及发展[J].人类居住,1995(2):24.

3.5 中国香港公屋

中国香港的公屋主要指由政府提供的公共住宅,分为供租住的屋村和供购买的屋苑。经过了 50 多年的发展,公屋形成了自身的规划与设计特点。

3.5.1 以公屋开发带动新城建设

在某种程度上,香港的公屋计划与土地政策相结合,成为牟取更多土地利润的工具。20 世纪 70 年代开始了公屋开发带动的新城建设,目的之一是为了开发市郊土地的市场价值。新城都以大量兴建的公屋开始,公屋的居民要受初期的交通不便、设施不配套之苦。当新城初具规模后,周边土地价上涨,政府再拍卖这些土地,赚取的利润远远多于公屋建设的费用。一般影响新城及公屋发展的最重要因素是土地发展的成本及安置一个公屋单位的成本,也就是说,成本比较低的地方自然成了公屋发展比较快的地区。其次

---

① 王承慧.转型背景下城市新区居住空间规划研究[D].南京:东南大学建筑学院,2009.

考虑的因素就是交通网及就业的机会。任何现成的土地都被用于公共房屋的发展,房屋署放弃的地点只有一两次,原因都是极度缺乏交通。在决定地点上,就业与交通的因素曾一度被视为次要的,但从新市镇发展的情况来看,当初的判断有失偏颇,如今就业与交通都成为了决定性的要素。在新界,公屋的比例不能超过总建筑面积的60%,未来趋势是将公屋尽量分布于新界的不同位置,希望通过新城中各个区位公屋的建设来带动新城的整体发展(图3-8)。

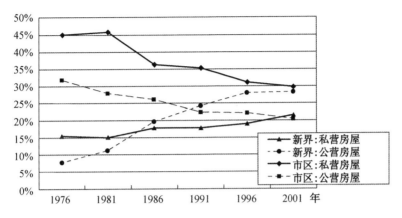

图3-8 私营与公营房屋在新界和市区分布的演变,1976—2001

资料来源:杨汝万,王家英.公营房屋五十年——金禧回顾与前瞻[M].香港:香港中文大学出版社,2003:15

政府在新城开发时引入"自给自足""均衡发展"这两个英国新市镇规划理念,以期减少新城居民前往市区工作的需要。能否将就业分散到新城,会严重影响新城的发展和快速增长的新城人口的生活,以及其与市区间的交通流量,也会影响新城作为居住地的吸引力,尤其是对私人楼宇居民的吸引,这倒过来也会影响新城的社会组合。通过政府的公屋计划,香港人口已由市区向新界新城分散。然而与英国的新市镇①发展不同,香港并没有同时将就业机会向新城分散的积极政策,企业选址及相关就业机会留给市场自由调节。70年代与80年代,新城自给自足的一般原则是让新城工业用地与劳动人口互相配合。香港地区政府希望通过提供廉价工业用地、丰富的人力资源供应及良好的基础设施,吸引私人市场来新城创造就业机会。然而,单凭这些条件并不足以吸引相关行业与公司在新城选址经营,一些其他因素如工业联系、通往市场的方便程度及集聚经济效益等,均会对企业的选址产生决定性作用。

3.5.2 高层高密度的集约开发模式

高层高密度是香港新建居住区规划设计的又一个特征,公共屋村更是如此。由于香港地区土地资源宝贵,"香港规划标准与准则"(HKPSG)规定新城低、中、高密度住宅区的用地面积比率限额分别为3∶5∶8,而人口密度则分别为470人/公顷、1 050人/公顷、1 740人/公顷,公共屋村的人口密度标准则介于2 500~3 000人/公顷之间。60年代以后,新建公屋已全部向高层高密度发展,由早期的16层发展到近期的20至30多层不等,最高有44层,如柴湾兴民村。公屋开发密度比私人地产商开发的私人物业的高密度

---

① 在英国,新市镇发展公司经常担当主导的角色,通过提供建筑津贴、低息贷款、低税率、厂房设备投资津贴,以及为工人提供居所等优惠措施,吸引各行各业到新市镇发展。

住宅区还可高出 44%～72%。例如,早期的爱民村(1974 年,九龙何文田)人口密度已经很高,达 3 838 人/公顷。1974 年建成的位于香港岛华富村,用地 19.7 公顷,居住单元设计按每人 3.25 平方米计,可容 6.48 万,设计为 3 291 人/公顷(表 3-3)。①

香港用地紧张,公屋向高密度发展是不可避免的趋势。在高密度下,向高层发展可以腾挪出较多的公共用地供居民集中使用,以弥补室内空间狭小的缺点。然而采用塔楼的高层高密度居住区,由于布局过于密集,层高又无甚差异,容易从视觉感官上给人一种压抑感。"公屋署"力图提高公屋居住的舒适性,提供良好的生活环境,做了如下尝试:

(1) 注重公屋的环境设计,用不同的环境特征、色彩,不同形态的购物中心、配套公建及绿化景观设计,弱化人们对住宅单体的关注,而被富有个性的居住场景所吸引。

(2) 在商业中心、停车楼等公建设施的屋顶设天台花园,为居民提供更多的活动空间,同时丰富了景观层次。

(3) 在高层住宅下设置架空层活动空间,并在各住栋之间设置连廊,使住户在公屋中行走时水平视野开阔,分散其对高层的注意力,减少压抑感。

(4) 高层住宅在沿城市界面处,变化高度,丰富城市界面,同也改变了以往塔式高层群集、缺乏变化的挤迫感。

表 3-3　公共屋村人口密度统计

	爱民村	华富村	穗禾苑	兆康苑	美林村	秀茂坪村
建设年代	1974	1974	1980	1982	1981	2001
住栋数	12	25	9	20	4	18
居住单位数	6 289	9 259	3 501	4 676	4 146	12 310
单位面积(平方米)	33.2～54.9		38～57	37～52	10.8～64.7	10.6～52.2
人口总数	32 623 (22 400)	64 833	15 754	18 740	18 921 (11 331)	38 833
总用地面积 (公顷)	8.5	19.7	5.38	9.6	7.8	
人口密度 (人/公顷)	3 838	3 921	2 943	1 948	2 425	

资料来源:梁应添.香港住宅问题及规划设计概况[J].建筑学报,1991(7):24-31.

3.5.3　以公共交通为主导的高效交通网络

高效率的交通网络是考虑居住区规划选址及居住区建成后能否吸引居民进住的重要因素之一。如何让居民方便地乘坐公交,是以公交为导向进行规划的关键要素。

首先是公交网络的发达程度,这样才能提高居民乘坐公交的积极性。香港的公交系统四通八达,交通规划特别注重线路之间良好的连接,以求得交通的快捷、畅顺,包括如地铁与地铁之间的接驳、地铁与巴士的接驳、巴士与轮渡的接驳等等。比较大的屋村都有公共汽车站点,且绝大多数线路为短途,主要解决住区与地铁站点、大型公交总站的连接问题。华富村公交站点根据需要,逐渐增加到有 12 条线路与外界联系;秀茂坪村的公

① 华富村区内设有完善的商业服务、文化教育、卫生、行政管理、社区活动及交通服务等设施。至 1983 年 9 月实际人口为 5.06 万人,即每人实际分配居住单位面积 4.16 平方米。村内人口毛密度,实际上为 2 569 人/公顷。

交站有公交线路 11 路。

二是,公交站点的设置位置,即从户门到公交站点的步行距离的控制。通常步行距离控制在 5 分钟、400 米。这个距离不是一个固定不变的值,与步行路径的舒适性等因素有关。将高层高密度住宅紧紧围绕公共中心,它的居民收入相对较低,较多使用公共交通。而把密度最低的独立式住宅距离中心最远,住户汽车拥有率相对较高,对公共交通的依存度相对较小。这种布局方式使人口重心,特别是依赖公共交通的人口分布明显偏向中心,有效缩短了公共乘客的平均步行距离。

在香港公屋的规划设计中,如果住区规模较大,公交站点会被引入住区中,以减少居民的步行距离,并把公交站点与住区商业及公共设施结合,提高设施使用的方便性。例如,华富村占地 19.7 公顷,公交站点被引入住区与商业中心结合设置,形成住区的公共中心。公交站点既相对深入,又处于住区的公共空间中,减少对居住安宁的影响。另一种做法是,住区中设置穿梭巴士,把居民送往附近的地铁站。

步行系统在用地范围内起支配作用。主要公共设施,如商业服务、配套公建设施、停车场、开放空间等均依附主要步行系统布置,其中商业服务设施和其他人流量大的设施与公交站毗邻,成为各屋村的中心。沙田是香港新城的一个典型例子,九广铁路沙田车站(沙田新城市广场)综合建筑群集商业服务、行政办公、公益设施及公共交通枢纽为一体,形成"中心细胞"。① 距离"中心细胞"约 3 公里的范围,分布着大小十余个人口 2 万~4 万、布局紧凑的"次级居住细胞"(屋村)。每个"次级细胞"均有公共汽车线路与"中内心细胞"联系,车次频繁。居民前往"次级细胞"中心(公共汽车站及商业中心等)的步行时间不超过 5 分钟(图 3-9)。

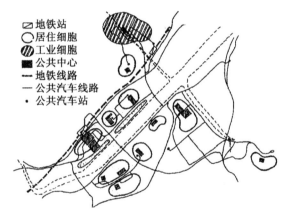

图 3-9 九广铁路沙田车站形成的"中心细胞"示意

资料来源:陈燕萍.适合公共交通服务的居住区布局形态——实例与分析[J].城市规划,2002(8):90-96.

三是,住区与公交站点驳接的路径的方便性与舒适性。在公共屋村或屋苑的规划中,道路交通规划以公交出行为主导,所以居民步行到公交站点的路途如何设计至关重要。步行沿途的景观、步行道路的铺装、步行的遮阳避雨等设施对步行舒适度的影响会改变居民对距离的心理感受。香港山地比较多,为了鼓励步行,在有较大高差的地方设置扶梯,这样必然会带来成本的增加,如何降低成本,香港公屋开发中有一种比较巧妙的做法。如蓝田屋村中,从公交站点到达屋村住栋单元入口平面、公共活动空间平面有 3~4 米的高差,设计中巧妙地借用了屋村商场中设置的扶梯,解决了居民步行行进中高差的转换,节省了成本。

3.5.4 功能性公共活动空间

香港土地珍贵,为了充分利用土地,公共屋村的建设采取高层高密度的开发方式,平均每公顷居住用地的人口密度为 3 000 人,最高可达 8 000 人。② 虽然居住拥挤,室内面

---

① 陈燕萍.适合公共交通服务的居住区布局形态——实例与分析[J].城市规划,2002(8):90-96.
② 内地一般为 1 000 人左右,当容积率为 2.8 时,每公顷人口 1 300 左右。

积狭小,但仍然很重视居民生活配套设施的建设和户外环境的改善。公共屋村中建筑物的面积只覆盖建筑地盘的一小部分,而更大的部分,通常占 70%~80% 的是露天场地。活动设施被视为屋村的一部分,它们由"房委会"设计、建造和管理。在香港每个人的居住面积因收入的不同而有差别,但是对室外环境的利用则是公平的,"房委会"对新屋村内的活动设施制定了一个相当高的标准。根据"香港规划标准与准则"(HKPSG)的规定,在全港各公共屋村和综合住宅发展,休憩用地的供应标准为每人 1 平方米。"香港规划标准与准则"(HKPSG)通常只是最低的参考要求。事实上,公共屋村由于是政府无偿划拨土地,没有地价的负担,户外环境用地相对私人楼宇更加宽裕。新屋村的户外活动设施用地的标准可以媲美私人住宅(所差别的是景观配置档次的高低以及景观所需维护成本的高低)。

香港气候温暖,常年都可以在室外活动,这样就能部分解决居室狭小的问题,室外环境成为居民住宅的延伸。正是基于这样的观念,香港公共屋村中室外环境的作用不单纯是绿化美化,而是具有了更多的功能,充分综合地利用户外土地,提高居住质量。公屋高层住栋采取全部或局部架空底层、景观设计贯穿于架空层的设计方式,有利于形成良好的通风,改善屋村小气候环境。同时,架空部分作为休闲、交往活动的遮阳避雨场所,可满足居民交往的需要。无论是早期建造的屋村,还是近几年投入使用的新屋村,如秀茂坪村,都将建筑物底层局部架空,作为居民交往活动的地方,有桌椅供老年人休息聊天,有乒乓球桌等体育设施提供运动的场地。一般将不架空的地方用于配电间等辅助用房,或安排幼儿园等社会设施,或设置超市等小型商业设施。

另外,将公屋住宅区内的高层住栋之间的底层群楼扩大并连成一个屋顶平台,进行绿化景观设计,不仅能为居民提供更多的活动空间,还能够降低屋顶的辐射热量。平台下面通常有四至五层可供商场、餐厅、康乐、场馆、停车场之用的商业服务中心。由于平台空间抵消了商业服务中心所占的面积,因而使整个住宅区的建筑密度相应降低。

3.5.5 Tenant Fitout 模式的灵活适用性

Tenant Fitout 模式即"居者自行设计房屋布局",这种模式与"开放型住宅"原理十分相似。"公屋署"只建造未建成的"壳"而不是完成的户型平面,然后由居民来完成具体的平面布局。"公屋署"提供的壳(shell)或者叫"支撑体"(supports),包括墙体结构、每户之间的隔墙、窗户、入户的门以及为厕所和厨房划定的区域。住户自行设计的部分包括内墙和壁橱的布置,厨房橱柜的放置(水池和炉灶面是"壳"的设计部分),还有墙面、地板和天花板等的粉刷等(图 3-10)。

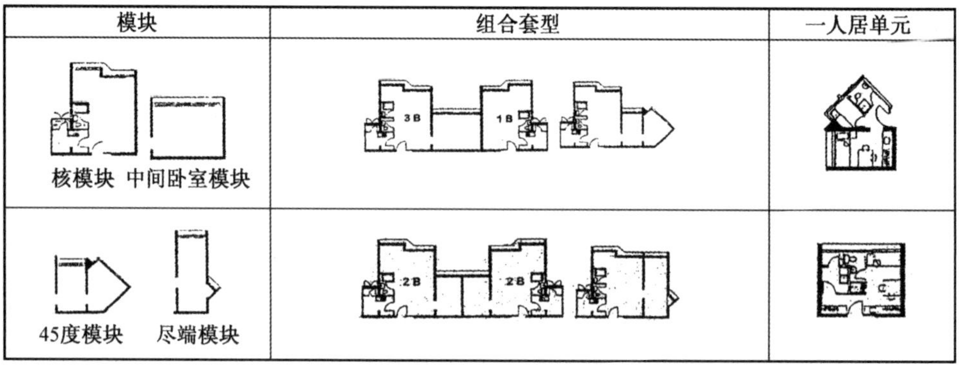

图 3-10 公屋单元模块及其组合方式

资料来源:杨汝万,王家英.公营房屋五十年——金禧回顾与前瞻[M].香港:香港中文大学出版社,2003:15

Tenant Fitout 模式可有效地使居民对设计和建造他们的房屋负有责任感。每户家庭,而不是建筑师或者公屋署来决定如何最好地细分狭小的居住外壳,即如何把空间细分为居住、用餐及睡眠区域。这种模式可创造出适应不同人群和不同使用目的的布局以及当家庭结构发生变化时,还可以继续改变房屋布局。不同时代住户对住宅的空间的标准要求不同,所以每代住宅有不同式样的空间布局。"居者自行设计房屋布局"允许居民将自己的房屋个性化,这也提高了他们的满意度。许多居民为他们的新的木质地板、彩色的墙纸、厨房橱柜、弧形门框等而自豪。

"公屋署"在一段时期内只建造 3～4 种建筑原型。每一种建筑原型仅包含 2～3 种"壳"或户型样式。因此,设计的"壳"总数很少。这利于对每种壳进行深入研究。建筑师们设计的壳以期容纳有 5 人、7 人和 9 人的"目标"家庭。通常,用普通家具进行平面布局,以判断这种壳是否能够适应典型的家庭类型。80 年代和 90 年代,公屋署进行了一项试验——在出售的住宅中(居者有其屋),留给新业主整修工作的同时,研究住宅中什么位置需要建内墙,以及对壳中固定墙体(位置)以及固定设施(配建哪些设施以及设施尺寸)的研究。壳尺寸的研究很关键,尺寸的确定要利于不同使用方式的家具布置,以利于空间有效、紧凑的使用。①

3.5.6 由内而外的工业化生产

香港公屋的建造初期,外墙和楼板全是现场支模现浇混凝土,内墙用砖砌成,材料浪费严重,产生的建筑垃圾令人头痛,施工质量无法控制。20 世纪 80 年代后期,香港"房屋委员会"提出在公屋建设中使用预制部件。香港土地少人多,随着经济的发展和人们生活水平的提高,城市固体废物量不断增加。为解决这一难题,香港"环境保护署"将废物处理费用与产生源挂钩,引导市民选择更符合可持续发展的生活方式,从而减少制造废物和促进回收再造。预制装配化的推广会减少废物的产生,建筑商使用预制部件的积极性就被调动起来了。

"房屋委员会"的公屋设计方案经过多次变化和不断改进,由原来的走廊两边排列居室的板式布置,发展到 90 年代的电梯设在中间、每个单元均有阳台和厕所的高层井式布置的"和谐式",这种模式总体的设计方法与三叉形相似,但空间上更为宽敞。"和谐式"公屋采用组件式设计,具有装拆灵活的优点,通过组件单元的组合以创造不同的建筑组合平面,并可根据当时的需求而在出租公屋和出售居室单位间进行改造。组件方法的另一用途是利于标准化技术(pre-fabrication technology)的应用并且利于缩短建造时间,同时能够有效地保证建筑质量。在"和谐式"基础上改进的"康和式",仍然保持了"和谐式"标准化、模数化的特点,在建造中大量使用预制构件。

内墙板的成功应用加快了外墙板的工厂化生产,这要归功于设计的标准化。筒式结构的"和谐式"设计成功定型,外墙板不承重,完全可以做悬挂式,再加上规格减少,就凸显了预制化的优越性。原来外墙采用现浇混凝土施工,预留洞口后安装窗框,洞口与窗框间的缝隙用砂浆填补。由于现场难以控制质量,砂浆填入的深度或密实度不够,台风肆虐的季节容易造成雨水渗漏。使用预制外墙板,窗框直接在预制厂浇筑在混凝土内,避免了后填缝的弊病。外墙的瓷砖饰面在预制厂内做好,质量得到保证,大大减少了高层建筑外饰面砖脱落事故。同时,现场工人数量大为减少,施工效率大为提高,公屋建设工期由过去的十数日一层提高到 3～4 日一层。

① 研究发现,关键家具(床、沙发等)的最小尺寸以及沙发和电视机的距离在决定房间和整个壳的尺寸方面具有重要作用。见 Brian Yamaguchi Sullivan and Ke Chen, "Open Building in Hong Kong Public Housing"。

3.6 新加坡组屋

1965 年,新加坡建国伊始,政府面临房荒、就业和交通三个难题,其中居住问题最为突出。从 60 年代初至 90 年代初,新加坡为中低收入阶层建成了 62.8 万个组屋单位①,有 240 余万居民住进这些组屋,占国民总数的 87％。②

3.6.1 规划先行、整体系统、不断发展

1976 年,新加坡在联合国发展计划指导下,成立国家和城市发展部,并在联合国开发署的协助下,开始编制着眼于长期土地利用开发和交通运输发展的概念性规划,提出宏观土地使用建议,基础设施配置和交通规划概念,作为发展策略引导着新加坡的成长。确定《环形概念性规划》作为指导未来城市建设发展的方针,规划规定了未来人口规模,规划建设将主要集中在汇水区周围呈环形布局,以及在南部沿海地区呈轴向发展,境内将形成三个主要就业中心,三个就业中心之间的长条地带将用于建设高密度组屋,通过遍布全岛的高速公路系统和地铁加强相互间的联系,在公共交通干线沿线布置次级城市中心,以便为当地居民提供必要的社会服务,利用穿过中心区域的公共交通干线形成发展走廊,并沿发展走廊进行人口疏散。概念性规划明确了分阶段发展目标,提出综合的土地利用和集体规划以及新镇体系的布局。实践证明,新加坡组屋的建设正是基于合理整体规划之下的系统发展。

70 年代制定的《环形概念性规划》和 90 年代修订的《五个区域概念规划》都对新镇内居住、商业、绿地、娱乐以及工业用地进行了适当的分配,并通过道路网将这些要素整合在一起。虽然各类用地分配的指标随着时代的发展而有所调整,但规划的整体性被延续下来。这种连续系统的规划体系有利于整合交通与土地使用,土地的使用达到最优化,有助于增强社区的凝聚力。

1991 年,原有的环形规划概念被五个区域概念代替,③规划的观点是在市中心的四周设置区域中心,由于五个区域中心比较均衡地分布在全岛,既创造了不少近宅就业的机会,也吸引了附近大量的居民活动,从而有效缓解了市中心区的交通和活动压力。新的概念规划提出为人们提供更高质多样的住房,住区开发用地靠近公园绿地和娱乐设施,设置更多的学校、医院和诊所,在市中心和区域中心建立文化和艺术中心,并且对历史古迹进行保护(图 3-11)。

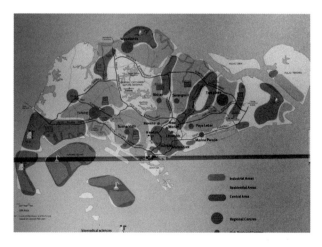

图 3-11　五个区域规划概念
资料来源:新加坡规划局展览馆

---

① 一个组屋单位相当于我国的一套单元式住宅,包括起居室、卧室、厨房和卫生间等独立房间。
② 丁承朴. 大众住宅与商品住宅辨析——新加坡组屋开发模式的启示[J].建筑学报,1994(12):33-37.
③ 五个区域指东、东北、北、西和中等区域,每个区域中心服务大约 80 万人。

3.6.2 选址成为关键因素

在居住区的水平上,居民满意度的要素是商业设施、公共交通服务,以及和城市中心、工作场所、学校、电影院和医疗所的可接近性。由此可见,选址成为居住区是否被接受的关键因素。组屋的选址经验是组屋区必须配备住宅、商店、就业场所、学校、公共设施等居民生活不可缺少的各种活动设施和活动场所,应具有多种功能并力求为居民提供合适的就业场所。公共汽车站应尽可能布置在靠步行就可以轻松到达的范围内,即尽可能布置在社区附近。政府在拆迁安置时也充分考虑新居所与原有居住区域距离不能太远,以增强人们生活的便利性和归属感。

在新加坡,建屋发展局(Housing & Development Board,简称 HDB)负责建造公共组屋,解决广大中低收入居民的居住问题。HDB 为了改善居民的居住质量,发展新镇是其具体的措施。[①] 一般来说,新镇属于类似卫星城的概念,HDB 的目标不仅仅是建立一个单一的住宅区,而是建立一个具有自给自足体系的新市镇。这些新镇往往是综合规划的大型居住项目,有较完善的服务设施,能与城市中心保持相对的独立性。由于新加坡国土面积狭小,新镇内的政府组屋又均有高层高密度的特点,新镇事实上更像是高度密集发展并有机联系的大城市系统中的一个结点,这种系统通过联系紧密的快速交通体系把新镇与城市中心紧密相连。

新镇的土地使用规划从《环形概念性规划》实施以后开始系统化,建立了新镇发展的结构原型,结构原型对新镇内的居住、商业、绿地、娱乐、社会以及工业用地进行了适当的分配,并用道路网将它们整合在一起。同时各类用地分配的指标随着时代的发展在不断改变,这些结构原型只是在实际规划新镇时作为参考,每个新镇根据实际情况调整有关的指标。(表 3-4)

表 3-4　新镇原型用地平衡表(结构原型)

	用地性质	面积(公顷)	百分比(%)
1	商业(镇中心、邻里中心等)	86	13.7
2	居住	207	33.1
3	学校	73	11.7
4	绿地	23	3.7
5	体育设施	13	2.1
6	会社(会所宗教场所等)	23	3.7
7	工业	120	19.2
8	主要道路	75	12.0

---

① 新加坡的新镇发展主要以英国二战后的新镇为原型,根据自身的条件做了一些修改。而新镇的发展依据是国家的长期发展规划——概念性规划,详细的发展计划是根据概念性规划的原则由国家和城市发展部制定的地区发展指导蓝图。新加坡全国共有 55 个发展指导蓝图。

	用地性质	面积(公顷)	百分比(%)
9	基础设施和其他	5	0.8
10	合计	625	100
11	新镇毛密度	64 户/公顷	

资料来源:HDB. Housing A Nation:25 Years of Public Housing in Singapore

从布局和结构来看,建造的居住区(镇)设施配套是比较完善的。值得一提的是,为了在住宅周围提供就业权,新镇内预留 10%～20% 的土地用于工业设施配套,一般位于新镇的边缘。主要设置一些无污染的小规模劳动密集型工业,如制衣、纺织和电子配件制造厂等解决居民的就近就业问题。

新加坡组屋选址与总体规划,即《环形概念性规划》相配合,大都分布在各区(镇)中心地铁站周围,充分利用区(镇)所在地区的社会公共服务设施。"交通、学校、就业和配套依次成为影响人们选择居所的四大考虑因素。"[1]另外,政府在拆迁安置时也充分考虑新居所与原有居住区域的距离不能太远,以增强人们生活的便利性和归属感。

3.6.3 规模不断缩小的"邻里中心"

新加坡全国分为东、东北、北、西、中 5 个区域,5 个区域内共有 55 个规划区,其中 33 个规划区内包括 23 个新镇(new town),组屋区的分级一般为三级,新镇、邻里和邻里组团。每个邻里含 6～7 个邻里组团,范围由城市道路或自然界线划分,设置满足居民日常生活需要的服务设施和公共绿地。每个邻里组团一般容纳 500～1 000 户,总人口为 2 500～5 000 人,用地 10～15 公顷,由 4 幢至 8 幢组屋楼围合而成,内设基本的服务设施和庭院,随着对居住环境户外活动空间的围合感和空间限定的重视,以及其可重复性,邻里组团成为新镇规划的基本单位。

新加坡组屋采用的"邻里中心"规划思想实际上是一个分层次配套的居住区公共活动中心概念,服务对象以居民日常活动为主,广泛的设置使得新加坡在城市扩展的同时,避免了发展中国家普遍出现的市区拥挤现象。在新加坡,大多数 60 年代的新镇的组成单位是邻里,邻里的目标是建立一个可行的具有社会文化凝聚力、环境美好的社区,规模一般为 6 000 个单位左右。但实践下来,被认为规模太大,并不能获得当初设想的社区精神。在最近的新镇里,邻里组团出现缩小的趋势,往往由 3～4 栋组屋楼共 400～500 个单位所组成。实践证明,较小的区域范围在社会环境方面可以通过更好地识别组团的界限而有令人满意的视觉认同,有助于居民的社区认同;在物质环境方面,可以使居民享有更便利的配套服务。

榜鹅-21 组屋的规划设计将新镇的结构从邻里转为"街坊(ESTATE)"为基本规划单位,其直接的原因是较小规模的组屋区能够更好地共同分享开放绿地和学校等设施,提高环境质量;更深层的原因是建立社区认同。随着物质水平的提高,人们对精神生活的追求变大,很多研究认为社区精神可以改善居住环境的质量。一个街坊的规模不是很大,一般在 1 200～2 800 单位,小过邻里规模,有助于社区形象的建立。通过交通组织,街坊内部没有穿越式交通,形成一个完全人行的区域。(图 3-12、图 3-13)

---

① 引自与新加坡"规划之父"刘太格先生的谈话。

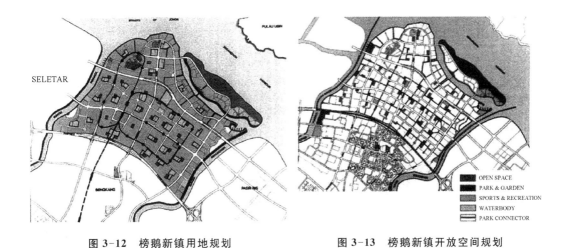

图 3-12 榜鹅新镇用地规划   图 3-13 榜鹅新镇开放空间规划

资料来源:http://www.hdb.gov.sg

3.6.4 工业化生产和高效经济材料

新加坡缺乏人力和自然资源,采用先进的科技来减少对资源的依赖和浪费至关重要,如设计通风良好的户型并采用隔热板,能减少冷气机的耗电量。HDB 采用预制技术生产建筑构件以提高工作效率,从而减少对技术工人的依赖;预制技术应用的同时有效地提高了建筑物的施工质量,如外墙挂板、轻质隔墙、栏杆、楼板、楼梯及栏板等构件。预制建筑构件不仅可以更好地在生产过程中加以监督,同时也为立面设计提供了新的思路:例如在立面处理中使用暴露骨料和彩色屋面瓦。HDB 还开发了预制钢筋网体系,该体系利用规格化手段和电脑处理钢筋网的建筑设计、细部设计、制造和安装。这一体系一方面减少了对熟练技术工人的要求,另一方面增进了现场装配的机械化程度,提高了钢筋网络生产流程的效率,并从 1991 年开始在组屋建设施工中得以全面采用。建屋局大力推广易建性①建设和预制科技应用,于 2001 年实施易建指标系统,规定大量使用预制件和建筑尺寸规格化,目标是 10 年内将预制件使用率从 8% 提高到 20%,达到国际先进水平。HDB 专门成立了预制科技中心,从事预制建筑方面的研究和开发。目前,预制混凝土构件已占公共住房混凝土总用量的 30%,在数年之内将进一步提高到 40% 以上。

组屋材建筑料的选用遵循高效、经济和适用的原则。住宅外墙全部用涂料装饰,很少用玻璃幕墙、花岗岩等昂贵的装饰。为了保证组屋住宅小区的美观和功效,HDB 制定了一个高质量的监控体系,以确保获得完美的涂饰效果。对建筑物进行涂料施工时,HDB 考虑了与居民保持良好的关系:HDB 所有的维修和重新装饰工程在进行前都要事先通知居民,所有不被涂刷的建筑部位都将被保护起来,以防止涂料滴落、污染和涂料刷到这些部位。使用涂料对建筑物表面进行装饰,一个最大的好处是能在一定时间段内进行翻新,翻新的过程也是对建筑物进行综合保养的过程。HDB 根据新加坡建筑物、公共物业维修和管理条例规定,对组屋进行有计划的保养(维修和翻新),外墙涂料大约 5 年

---

① 所谓易建性,就是建筑重复性高,施工程序简化,以及容易将个别建筑配件结合在一起。它使得建筑施工更为简易,节省了劳力,可以更快速地大量兴建房屋。易建性主要通过积极推动工地机械化、大力采用预制构件技术和采用更容易建造的设计来实现。

重新涂刷一次。由于政府组屋数目的日趋庞大,为了能更好地、更具体地进行政府组屋的物业管理,HDB 将政府组屋的常年保养与维修工作职责分别交付给各市镇理事会,由市镇理事会对政府组屋行使建筑修补和维修、清洗和清洁服务、收取管理服务费、绿化与园林服务等职能。

3.6.5 经济适用,不断更新

新加坡的组屋,国内的经济适用住房都是面向社会中低收入阶层的享受国家优惠政策的特殊商品房,其特点应该是经济性和适用性的并重。① 新加坡的经验告诉我们对于组屋这类公共住宅,一方面要保持尽可能低的造价,充分考虑居住者的支付能力,将政府的津贴保持在合理的限度;另一方面,要保持合理的居住标准水平,并能适应社会的不断发展。组屋建设已经持续了近 40 年,整个城市仍然面貌一新,丝毫不显破旧,原因在于政府不间断地对年老的组屋加以维修,针对不同的情况推出不同的翻新计划,主要包括主要翻新计划,中期翻新计划,选择性翻新计划等等,基本上是 5 年小修,10 年大修。②

在进行旧组屋翻新的同时,HDB 还对旧组屋区的公共设施进行适当的翻新和改造。因为一个政府组屋区内不能没有教育、商业、社会和娱乐设施,这些设施的标准是建造时的标准,以今天的眼光看很多已经过时,需要翻新以适应新的需求。此外,在规划组屋区翻新策略时,也会对现有的土地使用和道路网进行评估,如建屋发展局会和教育部共同鉴定需翻新的老学校;和陆路交通管理局合作重新规划旧区内的道路网;和其他有关的部门合作翻新各类社会和商业设施,包括和人民协会合作,翻新社区俱乐部,等等。

新加坡政府组屋现存 82 万多个单位,由于是在不同经济发展阶段所兴建,组屋的居住环境质量水平不尽相同。随着城市的发展,有一种倾向是只看到建设的目标而忘了那些已经建成的,这是一个严重的错误,如果没有定期进行适当的保养和维护,建筑物肯定会衰退,带来犯罪率上升、财产价值下降等问题,导致富裕的家庭离开这一区域,而较贫穷的家庭迁入,最终形成贫民窟。以美国圣路易斯帕鲁伊特戈为代表的一些高层住宅先后被官方摧毁,就是深刻的教训。因此,更新市镇及社区,主张住房的可持续发展,对于居住区,尤其是保障性住房区的良性发展是十分必要的。只有重视保持已发展的居住区的新陈代谢,才能使它们的居住环境质量适应时代的需求。

3.7 分析与借鉴

3.7.1 对比分析

上述研究表明,尽管这些发达国家和地区的公共住房建设体现出了各自不同的特点,但在土地利用、居住区和住宅的规划设计与建造的法律规范和标准等方面却都具有明显的共性。而土地利用、居住区和住宅的规划设计与建造的法律规范和标准住房技术政策等,恰恰是政府对住房建设各个环节的调节和干预措施。从各国和地区住房建设的实践中不难看出,公共住房建设更多、更完善地体现了各地建设技术政策。

首先,连续系统的规划体系以及相关政策法规是实现保障性住房成功发展的强有力保障,同时也有利于优化土地利用,节约土地成本。如新加坡在 20 世纪 70 年代制定的

---

① 这里的"经济性"指符合中低收入阶层的承受能力,"适用性"指舒适性、适居性和安全性。
② 小修是指对外立面和室外铺地的更新,大修则是指增加面积或改善功能。

《环形概念性规划》，及90年代修订的《五个区域概念规划》都对新镇内居住、商业、绿地、娱乐、社会以及工业用地进行了适当的分配，并通过道路网将这些要素整合在一起。虽然各类用地分配的指标随着时代的发展而有所调整，但规划的整体性被延续下来。这种连续系统的规划体系有利于整合交通与土地使用，使土地的使用达到最优化，"小同质、大异质"的混居模式强化了居民的认同感和归属感，有助于增强社区的凝聚力。如美国，包容性区划和弹性区划等创新性区划卓有成效地在州或城市的层面补充了可支付住宅的数量，因此满足了社会对大量可支付住宅的需求。通过包容性区划建成的可支付住宅不会形成穷人聚居的"孤岛"，而是将其与市场化住房的发展融为一体，能够有效避免单独建设可支付住宅所带来的贫困人口聚居、居住隔离等社会问题。

其次，强调住宅的经济性（严格控制户型面积）和适用性（重视功能而不是形式）。为了应对低收入家庭的居住问题，日本政府大力推进小面积户型就是一个有效的办法。在土地资源十分紧张的日本，多数住宅套型使用面积都在90平方米以下，三居室的套内面积也基本上在90平方米左右。近年来，日本平均家庭人口数量呈不断下降的趋势，从1950年的4.97人下降到2000年的2.67人，家庭人口的小型化使4LDK以下的户型，成为公有住宅户型供给的主体。从1994年日本住宅都市整备公团已出售为主的公团住宅面积指标来看，作为家庭人口结构主体的1LDK、2LDK、3LDK、4LDK的套内建筑面积指标大多小于100平方米，其中3室1厅套内建筑面积在日本不同地区最高为89平方米，最低只有76平方米。可见作为具有政府示范性和引导性的日本公共住宅，套内建筑面积标准并不高。

在住宅的结构形式上，既可以长期使用，满足循环型社会长期耐用型建筑的需要，即耐久性；又可根据家属的生活习惯、不同的居住主体和随时间推移等可以自由自在地变更内部空间，如日本的SI住宅体系。"S"骨架体中包括了承重结构中的柱、梁、楼板及承重墙，公用的生活管线（给水至户表，排水户集管，煤气、强电至户表，弱点至分户端子），公共设备（电梯，水泵等），公用走廊，公用楼梯，门厅，大堂等，这些是SI住宅的不可变部分，坚固、耐用。同时，这些不可变部分不妨碍住宅平面的可变性，即把带有永久性功能的部位和为适应居住者需要可变的部位分开考虑。"I"填充体包括住宅的户内装修；户内给水、排水、煤气、强电、弱点等设施管线；卫生洁具、厨房设备；非承重外墙和分户墙等，可根据住户需要自由变更。同时，室内较少承重墙，减少了结构的面积；轻质装配式的隔墙、推拉门与壁柜等储藏空间结合设置，利用储物家具作为室内空间隔断，灵活调节房间面积大小。①

再次，推行工业化生产方式，提高建设质量和效率，节约建筑材料，降低住宅造价。如瑞典，从20世纪40年代就着手公共住宅的模数协调的研究，推行建筑工业化政策，建筑部品的规格化逐步纳入瑞典工业化标准（SIS），并在此基础上大力发展通用部品体系。目前瑞典的新建公共住宅中，采用通用部件的住宅占80%以上。为此，瑞典政府还专门制定了一整套比较完善的建筑规格、标准以及政府的优惠贷款制度，有力推动了瑞典住宅产业工业化的发展。

中国香港公屋的建造初期，外墙和楼板全部是现场支模现浇混凝土，内墙用砖砌成，材料浪费严重，产生的建筑垃圾令人头痛，施工质量无法控制。90年代，由于香港公屋的需求量激增，"房屋委员会"决定更多地采用预制工业化施工方法，并逐步从内墙板的成功应用推广到外墙板的工厂化生产。值得一提的是，香港生产各种建筑部件所用的技术

---

① 安艳华. SI住宅的可变性及其技术浅析[J]. 沈阳建筑大学学报(社会科学版)，2008(1):19-23.

和材料绝大多数是内地的,有时少数机械零件或辅助材料可能用国外进口的,这绝不是单纯从经济方面考虑,而是经过反复技术比较后作出的商业决定。时至今日,预制建筑部件包括门窗、栏杆、卫生洁具,几乎全在内地生产,ISO 质量保证体系也因此得以在这类企业中全面推开。

最后,将居住标准保持在合理的水平,并能适应社会的不断发展。人们对住宅的要求随时间的推移而发生变化。有两种解决方法:一种是拆掉重建,另一种是在原有住宅基础上进行改造。在日本,公团初期提供的住宅,限于当时只是看重交通和选址条件,并没有更多地考虑对土地的有效利用,许多住宅并未达到目前的居住水平,而且住宅的设备也远不能与今天的生活水平相比。自 1986 年起公团开始了居民区改建事业,迄今为止已经有 30 年了,改建使城市实现了再生。初期改建事业所建造的居民区,多数在已整治的城市基础设施的城区中心,工程用地一般属于中等规模。尽量适应区域街道景观,努力保留具有象征意义的居民区原有的风景和社区风格,并通过新建和改造停车场与集会场所等设施,把优良的都市型住宅提供给居民。

新加坡政府也十分重视保持已发展组屋区的新陈代谢,对旧组屋区的建筑和公共配套进行适时地翻修更新,使其更接近新组屋的水平,居民的住宅能够不断适应社会进步和人们生活水平提高带来的变化。组屋翻新策略还收到了很好的社会收益:加强家庭的凝聚力和社会的认同感;也有助于减少组屋区的犯罪率,加强区内民众的安全感。上述有利的因素综合起来,就能建立一个安全、和谐、有亲切感的生活环境,对于新加坡这样的多元种族国家的种族和谐和社会稳定发挥了重要作用。

3.7.2 思考借鉴

我国处在一个前工业化、工业化和后工业化并存的复杂时代,社会结构急剧变动,信息革命和全球化使人们的社会心理环境也全面开放,因此,我们不能照搬发达国家和地区的建设模式,而应从我国自身的发展趋势出发,既不能好高骛远又不能妄自菲薄,以冷静平和的心态获得适应我国国情和发展条件的借鉴。

我国目前正处于快速推进城市化的时代,房地产开发连续多年成为拉动国民经济的重要增长点,住宅建设虽然已经基本度过对计划经济时期住房短缺的弥补阶段,仍然需要持续大规模建设以满足不断增长的居住需求。与此同时,我国的改革进程亦进入攻坚阶段,迫切需要保证社会稳定。因此,关注弱势群体,为不能从住房商品市场中获得理想居住条件的中低收入者提供住房成为大势所趋。特定的国情,使其城市化进程具有自身的特点,人口资源在全国范围内重新配置、流动性大,其低收入人口素质良莠不齐、构成复杂,有原农业人口、就业困难的下岗职工,也有不少普通的工薪阶层;另外房地产市场还处于高利润阶段,造成许多中等收入者置房也很困难。在选址方面,更多是由政府有关部门结合城市宏观发展规划对土地进行选择,明显体现出自上而下的行政行为,大多位于城市新区成片开发。由于规模较大,用地面积少则几公顷、大则几十上百公顷,导致出现了许多新社区,而即使在城市旧区中由于购房产生的人口迁徙流动也使许多社区处于重构阶段。

发达国家和地区公共住房建设的经验表明:保障性住房的建设应该成为整个城市发展的一部分。在当前构建社会主义和谐社会的宏观政策要求下,在城市建设发展过程中妥善地解决弱势群体的居住保障问题,已成为维护社会稳定、全面实现小康、促进城市健康发展所必须解决的重要问题之一。在城市总体规划中,应更加关注贯彻国家宏观发展要求,应将为居住弱势群体提供适宜的保障性住房和促进不同收入群体居住融合纳入城市社会发展目标之中。并考虑城市的经济发展水平、住房现状水平、产业发展目标(劳动密集型产业重在吸引务工者,而高科技产业则重在引进高学历人才)、人口发展等多重因素,合理确定住房保障发展策略,明确近、远期的住房保障覆盖率指标要求。

发达国家和地区公共住房建设的经验表明:住房建设规划和年度住房建设计划着力点是城市总体层面的指导,但均缺乏地区操作层面的指导性。而分区的保障性住房专项规划恰好可以弥补这一缺失。基于分区层面的规划应考虑保障性住房的选址:为能使保障性住房可以融入大社区中,并促进中低收入者的就业,其选址应多样化,并位于公交系统发达的地段,不同档次的片区规模宜分别加以控制,尤其是低档次的住区应小型化。与发达国家目前普遍提倡由社区和非营利机构驱动社会住宅建设不同,我国的现状决定了保障性住房专项规划只能自上而下组织进行,但必须结合社会发展进行相应的空间规划,重视人口社会属性的考虑,应在整合现有资源基础上,确保社会经济的协调发展和持续发展,以避免问题积累从而增加日后整治协调成本。

纵观发达国家和地区公共住房建设进程还表明:保障性住房的规划设计、建筑设计应有完善的规划和设计标准,以上标准应该与国家的经济、社会发展水平和中低收入居民的收入水平相适应,并随着经济、社会发展水平及居民收入水平的提高而逐步提高和完善,随着政府公共住房政策的不断加强而逐渐完善;而经济性与合理性是保障性住房建设全过程遵循的基本原则。从各国和地区公共住房建造的方式可以带给我们这样的启示:建筑工业化并不是高不可攀的,只要政府坚持推行设计标准化、构配件生产工厂化、施工机械化,使工业化建造的优势充分发挥出来,就一定能够实现(图3-14)。建筑工业化可以有力地促进墙体材料的革新。墙材革新和建筑节能是利国利民的大事,其涉及面较广,有民生问题、财政问

图3-14 新加坡组屋的工业化建造

资料来源:新加坡建屋发展局

题、技术问题等,必须由政府统筹解决和强制推行。保障性住房建设,作为以政府为主导的建设项目,有必要也有可能实现建筑的工业化建造,并作为示范工程加快全社会的推进过程。

4 保障性住房与城市发展的互动机理

4.1 中国保障性住房的建设历程

改革开放 40 年,我国有将近 6 亿人口进入城市。在如此庞大的城市化进程中并没有出现其他国家那样大量的贫民窟现象,这是一个伟大的成就,原因在于中国有着五六十年的政府分房史。然而,1998 年房地产市场化以后,住房保障制度被削弱,直至 2007 年国务院出台 24 号文件,各地逐渐开始加大住房保障的力度。

4.1.1 改革开放前的福利住房政策

从新中国成立后到社会主义改造之前,中国城镇的土地和房屋是以私有制为主体的。1955 年,私房仍然占有很高的比重,其中北京的私房比例为 53.85%。[1] 为此,政府首先对城镇私有出租房实行租金管制,其次通过"国家经租、依租定租"为主,"公私合营、以产定息"为辅的方式对私房进行改造,逐步确立了国家或单位所有、实物形式分配、低租金近乎无偿使用的住房制度,在这种制度下国家和单位统包职工住房的投资、建设、分配。这种福利性的住房分配方式建立在国家对城市居民住房需求的无限供给上,房源除了在私房改造中获得的之外,还有一批由国家出资兴建的新房源,而租金也是象征性地交纳。[2] 1958 年,北京市执行新的《民用公房租金标准》后,租金水平为每平方米使用面积平均月租 0.22 元,房租支出仅占职工平均工资收入的 6.15%。[3] 但是,随着人口的增长、工业化和城市化进程的加快,仅仅依靠公有投入的住房模式已经很难满足人们的需要,出现严重的住房短缺问题,住房问题日益成为国家财政和企业的沉重负担。至 1978 年,全国城镇人均居住面积不仅没有增长,反而从新中国成立初期的 4.5 平方米下降到 3.6 平方米,城镇缺房户 869 万户,占当时城镇总户数的 47.5%。[4] 这种制度还暴露出诸多弊端,如排斥市场机制,资金得不到良性运行;加重政府及企事业单位的经济负担,助长平均主义但又难以保证公平;各管理环节之间缺乏合理的协调机制,管理效率低下。随着国家经济发展战略的调整和经济体制改革的深入,针对传统住房制度的改革迫在眉睫(图 4-1)。

4.1.2 改革开放后的住房制度改革

在实行改革开放政策的初期,邓小平同志就针对城镇居民住房日渐困难的情况提出了住房体制改革的设想,但由于当时的经济发展水平、居民收入水平及承受能力、经济体制改革的进程安排等多方面的因素约束,城镇住房体制一时还不具备商品化、市场化的

---

[1] 云至平,白伊宏,谭春林. 中国住房制度改革的探索[M]. 北京:中国财政经济出版社,1991:22.

[2] 李强,等. 城市化进程中的重大社会问题及其对策研究[M]. 北京:经济科学出版社,2009:191.

[3] 此时期房租水平之低,在世界实属罕见.

[4] 侯淅珉,应红,张亚平,等. 为有广厦千万间——中国城镇住房制度的重大突破[M]. 南宁:广西师范大学出版社,1999:19.

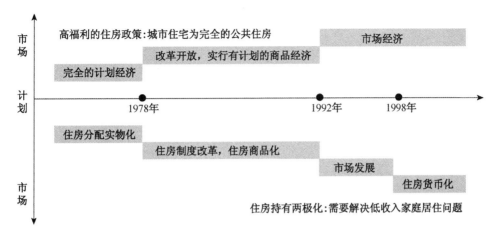

图 4-1 我国住房政策演变示意

资料来源:作者根据《公共住房浪潮》相关信息绘制

条件。住房保障作为社会保障体系的重要组成部分,伴随着社会经济的转轨和住房制度改革进程,经历了起步、发展和不断完善的过程。

(1) 起步于 20 世纪 90 年代的经济适用房

始于 20 世纪 80 年代末期的住房制度改革,以实物分配向货币发展为标志,房地产市场伴随着社会主义市场体制的建立,开始走向商品化、市场化。1988 年,国务院召开了第一次全国城镇住房制度改革工作会议,此后多次发布相关通知及文件,要求逐步进行住房制度改革。为了与旧有体制相衔接,1991 年 12 月 31 日,国务院颁发《关于全面推进城镇住房制度改革的意见》,首次提出建设经济适用房的新思路,并以集资合作建房方式为主,这对于促进住房制度改革、解决广大城镇职工购买较低价格的住房发挥了重大作用。1994 年,国发 43 号文件《关于深化城镇住房制度改革的决定》,再次提出此概念,此时的经济适用房并不是现在特制的一种房屋形式,而是一个综合概念,即为老百姓建设经济和适用的住房,房屋的建设形式以单位集资合作建房和社会化安居工程为主。这一时期,我国初步建立了向不同收入家庭提供商品房及经济适用房的住房供应体系,并向全国推行住房公积金制度。[1]

(2) 集资合作建房是转轨时期改善职工住房条件的重要手段

集资合作建房体现了由过去单位承担职工住房转向国家、单位、个人三者共同负担的原则,其目的:①推进住房制度改革;②把企业从社会的负担中解脱出来;③尽快改善广大城镇职工的住房条件。三方共负的具体体现为:国家提供划拨土地,没有土地出让金,单位则提供一定程度的建房补贴,职工则按成本价(或优惠价)购房。这种建房方式在相当长的时期内,成为中小城市、工矿企业、机关事业单位解决职工住房困难的主渠道。

(3) 1998 年正式确定住房保障供应方式

保障性住房政策是随着中国住房制度改革的不断深化而提出的,从最早的《关于继续积极稳妥地进行城镇住房制度改革的通知》,到 1998 年的《关于进一步深化城镇住房制度改革,加快住房建设的通知》,进一步明确了"建立和完善以经济适用住房为主的多层次住房供应体系,对不同收入家庭实行不同的住房供应政策。最低收入家庭租赁由政

---

① 文林峰.城镇住房保障[M].北京:中国发展出版社,2007:1-3.

府或单位提供的廉租住房;中低收入家庭购买经济适用住房;高收入家庭购买、租赁市场价商品住房。"全国停止住房实物分配,在此前商品房及经济适用房的基础上,适当增加政府或企事业单位提供的廉租房,逐步建立以经济适用房为主体的多层次住房供应体系(图4-2)。①

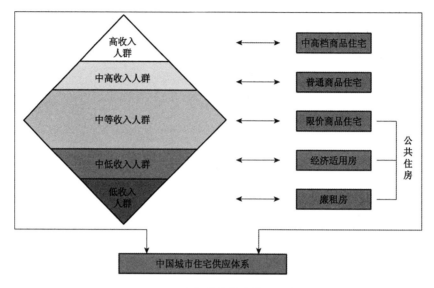

图4-2 我国住房供应体系示意

资料来源:作者根据《公共住房浪潮》相关信息绘制

根据国务院通知的精神,建设部、国家计委、国土资源部、中国人民银行等相关部门当年相继联合下发了《关于大力发展经济适用住房的若干意见》《关于进一步加快经济适用住房建设有关问题的通知》《经济适用住房开发贷款管理暂行规定》等规范性文件。各地也陆续出台了经济适用房的建设和销售管理办法,经济适用房建设全面展开。从此以后,经济适用房成为一个专有名词,代替了安居房、解困房等,成为中低收入家庭住房供应的主要方式。同时,廉租住房开始取代过去名目繁多的各种保障住房,并逐步加大对最低收入家庭的住房救济力度。

(4)住房保障进入不断完善发展阶段

经济适用房的建设作为国家解决城镇居民住房的主要途径和拉动国民经济发展的新经济增长点被确定下来。房价在巨大的需求推动下持续较大幅度地上涨,住房改善需求与高价房之间的矛盾逐渐由经济领域转入社会领域。从1998年开始,全国经济适用房发展迅速,按照政策要求,凡是房价收入比在6倍以上的城市均应建设经济适用房。1999年、2000年、2001年,经济适用房建设投资占商品住宅投资的比重分别达到17%、16%和14%,处于历史最高峰。有些城市的经济适用房比例占到建设规模的一半以上,为解决低收入家庭的住房困难发挥了重大作用。至2015年底,北京市已累计建设2 000万平方米的经济适用房,不仅极大地改善了城镇居民住房条件,还对稳定住房价格、调整消费结构、促进经济增长起到了间接引导作用。2007年建设部、发展改革委、国土资源部等相关部门根据国务院《关于解决城市低收入家庭住房困难的若干意见》(国发〔2007〕24号)修订了《经济适用住房管理办法》,并联合下发《廉租住房保障办法》,原办法于2007

---

① 孙忆敏.我国大城市保障性住房建设的若干探讨[J].规划师,2008(4):17.

年 11 月 19 日废止。新办法进一步明确了保障性住房的供应对象,强调政府的主导作用,提供了更多的优惠政策,以及提出保障性住房规划和设计的最新要求。通过对 1991 年以来保障性住房相关文件的解读,可以表明政府将加大保障性住房的建设力度,全面启动低收入家庭住宅建设工程。保障性住房已经成为房地产市场的重要组成部分,与普通商品房共同满足社会不断增加的住房需求(详见表 4-1、4-2)。

表 4-1   2009～2013 年全国保障性住房计划及实际供地情况

	2009 年	2010 年	2011 年	2012 年	2013 年
计划情况(万顷)					
住房建设用地总量		18.47	21.80	15.93	15.08
廉租房用地		0.71	0.96	0.66	0.57
经济适用房用地		1.74	1.46	1.00	0.80
公共租赁房用地		0.08	0.61	0.63	0.58
限价商品房用地		0.40	0.74	0.38	0.40
棚改房用地		3.66	3.97	2.10	1.81
保障房建设总计划供地量		6.59	7.74	4.76	4.15
占总住宅用地百分比		35.65%	35.52%	29.89%	27.56%
实际情况(万顷)					
住房建设用地总量	7.64	12.54	13.59	11.49	
廉租房用地	0.12	0.35	0.81	0.59	
经济适用房用地	0.97	1.24	1.09	1.07	
公共租赁房用地	0.00	0.02	0.45	0.49	
限价商品房用地	0.00	0.16	0.38	0.25	
棚改房用地	0.00	1.47	2.07	1.43	
保障房建设实际供地	1.10	3.24	4.81	3.83	
占总住宅用地百分比	14.34%	25.86%	35.38%	33.29%	
住宅建设实际供地完成率		67.89%	62.34%	72.13%	
保障房实际供地完成率		49.23%	62.10%	80.32%	

资料来源:Wind 数据整理

表 4-2   2009～2012 年城市保障性住房与商品房竣工面积比例

	保障性住房竣工面积占比	商品房竣工面积占比
2009 年	7.21%	92.79%
2010 年	11.83%	88.17%
2011 年	18.01%	81.99%
2012 年	11.41%	88.59%

资料来源:Wing 数据及 2012 年时政部数据

发展至今,中国已经形成以经济适用房、廉租房和住房公积金为主体的社会住房保障体系。从住房保障制度的历史演进来看,政府根据社会主义市场经济的发展,完成了住房保障制度从完全福利性向部分福利性的转变;从配给制向非配给制的转变,从非商品化向商品化的转变;从以财政政策为主向财政政策、金融政策综合运转的转变,解决了部分群众的实际困难,维护了社会的稳定与和谐发展。

4.2 保障性住房与城市化的关联性

保障性住房的建设与城市关系密切:一方面,保障性住房作为城市的居住空间,直接或间接地影响城市的经济、社会、文化等方面。城市是保障性住房的温室,无论是在保障性住房建设的开发阶段,还是发展运行阶段,都离不开对城市的依赖。城市化程度制约着保障性住房的选址,城市化程度不高必然给居住于保障性住房的中低收入家庭的就业、生活、交通带来极大的不便。

另一方面,保障性住房建设为城市中低收入家庭提供居所或就业环境,整合社会资源,分担城市的居住压力,稳定社会秩序。保障性住房的开发建设推动城市化进程,保障性住房的居住者为城市建设提供劳动力,保障性住房的开发建设需要城市化配套的跟进,劳动力资源的充足和城市化配套的完善提升保障性住房周边地带的价值,又吸引房地产及其他产业的投资,从而进一步推动城市化的进程。

因此,社会保障性住房的建设同城市化进程的推进相辅相成,是有机统一的整体。

4.2.1 城市人口、空间和产业

人口、空间和产业是城市化最基本的三个要素,快速城市化发展带来的城市空间结构的深刻变化也对住房保障产生巨大影响。下面分别从这三方面进行分析,有利于从更深层次理解保障性住房建设的城市发展背景。

(1)人口的城市化集聚和郊区化扩散趋势

从城市化的过程来看,构成城市人口的社会成员,主要包括两部分:一部分是由非城市人口变为城市人口;二是城市内部人口的历史继承与自然增减。城市化人口要素,就是通过这两部分人的集聚或者抑制得以实现。20世纪90年代后期和21世纪初期,我国进入了城市化的高速发展时期。2000年以后,仅6~7年的时间里,我国城市人口从1999年的占总人口34.78%的比例一下子跃升到2006年的43.9%,净增将近10个百分点。[①] 正是以这样的速度发展,在我国"十二五"开始的时候,即2011年,中国历史上第一次出现城市人口超过农村人口,城市化水平超过50%。其实,如果不是按照户籍人口计算,而是按照城市里劳动和生活的实际人口,自2002年起城市实际人口就已经超过了农村实际人口的总和。以南京为例,市域,尤其是市区规模一直处于逐渐扩大的过程中;从管辖的人口数量来看,市域和市区的人口数量增长很快,特别是1995年到2002年市区的人口数量增长了近一倍,反映出城市吸引力和集聚效应的增强,城区面积的扩大也主要是因为城区人口的增加。中国从一个具有几千年农业文明历史的农民大国,进入城市社会为主的新成长阶段,这种变化不是简单的一个城镇人口百分比的变化,意味着人们生活方式、生产方式、职业结构、消费行为以及价值观念都会随之发生及其深刻的变化。[②]

---

① 参见 1999 年、2006 年、2011 年《中国统计年鉴》。
② 参见 2012 年《社会蓝皮书》。

在工业化和城市化的带动下,中国大城市已明显地出现郊区化现象。大力建设产业园区和旧城"退二进三"的用地调整策略推动工业的郊区化,加速城市化的发展战略带动了城市规模的快速扩张,在土地有偿制度以及住房取消福利制度的相关政策共同作用下进一步推动了人口和部分商业的郊区化,而服务业、办公业和金融保险等第三产业仍处于绝对集中阶段。在中国,相对于以旧城为核心的中心区而言,人口呈向外扩散之势,但其扩散仍是一种"集聚型"的扩散。① 限于经济水平,区域交通条件只能有限改善,而旧城及其外缘丰富的公共设施、充足的就业岗位更滞缓了人口快速大量郊区化过程。受不同的自然条件、行政区划、空间发展政策、工业郊区化的带动作用、城市化特点的影响,不同城市人口扩散的态势、时间和强度也呈现出不同。如北京、上海在 20 世纪 80 年代即出现人口自市中心区的绝对分散,南京在 90 年代开始主城区人口持续攀升,郊区人口则出现了负增长且存在郊区人口向城区人口的向心迁移。由此可以得到的结论是:无论有没有出现中心城区人口的绝对分散,人口在旧城基础之上的扩散趋势是毋庸置疑的;90 年代旧城以及外缘或旧城及近郊区的城市发展对人口的吸引力十分巨大。

城市化进程的加快,人口的不断城市化集聚和郊区化扩散趋势,也引起城镇住宅需求总量的迅速扩张。城市化人口或外迁的城市原住民都普遍属于低收入阶层,无力自行购置稳定的城市居所或改善原有居住条件。住宅是人类生存的必需品,保障性住房的本质是政府满足"弱势群体"基本生活所需住房的若干制度安排。这既是社会保障制度在住房领域的延伸,也是住房制度对社会保障制度的体现。因此,不断增加的城市人口以及人口的郊区化扩散加大了保障性住房建设压力,而政府在扩大住宅供给总量的同时城市发展得以加速。

(2)改建、扩建和新建——城市空间要素的实现途径

恩格斯指出:"分子可以因位置的变动,因之与邻近分子的联系的变化,而使物体进入另一种同素异性状态或聚集状态。"城市化也不例外,只有具备了一定的空间,城市化的其他要素才能在其中分布、结合和发生作用。

城市空间是城市社会经济活动的载体。一方面,城市空间结构受到生产力发展和经济水平的限制;另一方面,城市空间结构也需要通过调整以主动应对社会经济发展的未来需求。城市向外的扩展与内部的功能重组是相辅相成,互为关联的。向外扩展为内部重组提供可能,内部重组为向外扩展产生推力。单个城市的地理空间要素实现途径,从城市发展的实践分析,主要有三个方面:改建、扩建和新建。改建是城市原有建成区内对原有的地理空间进行的重新调整和构造,以达到扩大城市容量的目的。在具体形式上就是旧城区的改造,一般是通过对现有建筑进行拆除,建筑新的建筑物向地下和天空延伸,而不致引起建成区面积的扩大。扩建,则是在原有城市建成区的基础上沿着其边缘向外扩展,它会延展城市的地平线,是建成区的连续的扩张。从现实来看,建立经济开发区和卫星城是两种最主要的操作方式。新建,理所当然就是在原有城市之外建立一个新的城市,在地理上与原有城市的建成区没有直接的联系,一般保持一定的距离。②

基于我国特殊的人口环境,是人口总量的巨大及其快速增长形成的对有限土地资源的压力。这种人地矛盾具体表现在城乡用地在数量和质量上的争夺。出于成本利益最

① 王承慧.美国可支付住宅实践经验及其对我国经济适用住房开发与设计的启示[J].国外城市规划,2004(3):70.

② 严书翰,谢志强,等.中国城市化进程——全面建设小康社会研究报告集[M].北京:中国水利水电出版社,2006:47.

小化的原则,城市用地和乡村用地,都趋向于选择自然条件和地理环境优良的空间,而择优的双向集中更加激化了人地之间的矛盾,突出表现在耕地资源的利用上。人地矛盾成为制约中国经济社会发展的最主要因素之一,更成为影响城市化空间要素实现的根本因素。因此,一切实现城市化空间要素的途径,无论是改建、扩建或新建都必须遵守"节约"和"高效"的原则。

（3）城市产业发展带来城市人口和空间结构的变化

城市化的一般前提就是非农业性产业即第二、三产业的产生和发展。改革开放后,中国城市产业的发展也经历了一个从低级到高级的过程。改革开放之初,随着发达国家和地区的产业结构的调整,中国逐步成为传统制造业的重要基地,既包括对国外制造业的接收,也包括立足自身基础的自我发展。从而使得中国有可能在较短时间内完成工业化的过程,进而改变长期二元结构体制下的城乡结构。这一变革对城市空间结构的带动主要体现为城市外围第二产业的快速发展,大量产业园区相继兴起。

其次是第三产业的发展对城市结构的改变。为了提供更好的综合发展环境,各个城市纷纷强化了第三产业的发展力度。在发展基础较好的中心城区普遍开展了大规模"退二进三"的用地调整,希望提供更好的服务业和信息环境以吸引和留住资本。这一举措对城市空间结构的带动,主要表现为旧城的大规模改造,产生大量拆迁人口进入城市边缘,同时中心城的集聚作用持续上升,城市人口不断膨胀,城市扩张呈现圈层扩展之势。进入 21 世纪,产业发展开始强调提升"自主创新"能力,意识到城市产业只有基于内生竞争力才能在全球化竞争中立足。在城市空间结构的调整和应对方面,通过城市副中心和新城区的建设,分散中心城区过于集中的公共设施和就业岗位,以丰富的城市生活、充足的就业岗位和物廉价美的居住环境疏散中心城区人口、吸引城市化人口,缓解圈层发展所带来的城市问题,继续为产业发展提供良好的城市环境,包括硬性的物质空间和软性的劳动力环境。

值得注意的是,在我国城市开始高速扩张的同时,与城市化同时发生的是城市的社会结构也在发生重大变化。首先表现在城市化与社会阶层结构变迁之间的交互影响:每年上千万农村劳动力进入城市寻找工作机会,极大地改变了中国社会的基本构成,特别是城市社会的基本构成。由于不同体制的单位,其资源占有、工资制度、收入体系、福利体系均有巨大差别,城市产生了众多的、多元的利益群体,社会分层结构变得日益复杂和多元。其次,在城市化过程中,社会上不同群体、不同集团的经济获益差别是很大的,甚至会出现有的获得巨大利益,而有的受到经济损失,这就促进了社会分化和贫富分化。城市化进程中,城市的社会结构、人们的相互关系、所属组织都发生了巨大变化,产生了利益的分化和新的"弱势群体"。

城市产业发展带来城市人口和空间结构的变化反过来影响着城市化的进一步发展,分化了的贫富阶层和改变了的城市空间与城市生活有着密切的关系。因此,城市化不仅是一种人口结构和空间结构的变化,同时还是一种生活方式的转变。

4.2.2 来自城市化进程中的结构性困境

住房问题是工业化与城市化加速发展的产物。由于城市聚集效应和规模经济的影响,现代工业化的过程同时也是城市化的进程。工业和人口在城市的高度集中,形成对城市土地和住房供应的巨大需求,从而产生了住房供应的绝对短缺,进而导致土地价格以致住房价格的上涨,广大中低收入居民家庭的住房支付能力与具有适宜的住房标准的住房价格之间出现巨大的落差。城市化中的贫富分化、社会公正问题,也往往是与住房利益密切相关的。在住房价格暴涨的局面下,对于绝大多数中国城市居民而言,最大的一笔财富并不是其货币收入或其他金融财产,而是住房。归纳这一困境主要来自以下原因:

(1) 城市贫富差距扩大和住房问题凸显

由于向以市场经济为导向的经济体制急剧转轨和企业改革逐步深化,贫困问题开始由改革之初的农村地区转移到城市。国家统计局城市社会经济调查总队 2005 年对全国 54 000 多户城镇居民家庭抽样调查资料显示,当年我国城镇居民收入差距最高达 10.7 倍。在城市经济产业结构调查和更新过程中,由于缺乏对旧经济结构下从业者的妥善处置,短短几年就在城市中迅速形成了以失业人员、下岗职工、停产半停产企业的职工和一部分被拖欠养老金的退休人员以及他们的赡养人口为主体的城市贫困群体。相对弱势的市场竞争能力和购买能力,使得这部分群体面对不断上涨的物价和房价,望"房"兴叹。

(2) 社会发展和转型带来新的住房需求

2014 年,我国人均 GDP 已超过 8 000 美元,进入了由低收入到中等收入的经济转型期。由此带来人们住房需求的拓展,不仅体现在量的方面,还包括质的提升。城市人均住宅建筑面积由 1978 年的 6.7 平方米增至 2015 年的 32.1 平方米[①],并且在居住上对于新型居住空间设计和配套设施使用上也提出了新的需求。

此外,20 世纪 90 年代"第三次人口生育高峰"中出生的人口陆续进入婚龄期,小型化的家庭结构特点使其需要更多的住房套数,购置新房成为结婚成家的首要条件;随着国家放开二胎生育政策的全面实施,使得一大批数量可观的超前购房需求被持续不断地激发出来,同时加剧了房价的上涨。

(3) 城市新移民的阶段性住房短缺问题

随着快速城市化进程的推进和社会流动性的加强,城市住房需求群体中出现一个持续稳定增长的特殊群体,既包括谋生技能低下的新生代农民工,也包括技术移民的白领和大学毕业生低收入聚居群体。由于城市户籍制度的障碍和社会保障制度的不完善,其中大部分群体基于地域转移出现的阶段性住房问题,并未被纳入城市住房保障体系的关注范畴内,他们不得不寄生于阴暗的地下室,或脏乱的城中村,其居住品质和城市居住环境都受到严重影响。以上海为例,在 996.4 万外省市来沪人口中,20～34 岁青年人接近全部外来劳动年龄人口的一半,且已明显超过了户籍青年。[②] 他们也是最有购房意愿的人群。过高的房价和房租以及不稳定的租赁关系(包括租赁期限的不稳定和租赁价格的不稳定)都会降低进城务工人员的转户(留城)意愿。面对城市人口的越来越"多元化",住房保障制度未能顺应这一社会发展趋势。

(4) 房地产结构的严重失衡

由于我国目前尚处于从计划分配到市场供应住房制度的转型时期,市场化主导下的房地产供给和需求出现结构性失衡的问题。一方面,体现为商品住宅价格上涨过快,房地产价格与居民的实际收入水平差距过大。据《南京市 2016 年国民经济和社会发展统计公报》数据,2016 年南京城市居民人均可支配收入为 44 009 元,对于一个三口之家来说,当年全年可支配收入总计 132 027 元。[③] 目前,南京市人均拥有住房面积约 36.5 平

---

① 李建新《中国民生发展报告 2015》。

② 上海 80 后外来人员规模较大,人数已超过户籍青年[EB/OL]. (2013−05−03). http://finance.ifeng.com/roll/20130503/7988443.shtml.

③ 南京市统计局《南京市 2015 年国民经济和社会发展统计公报》。

方米,相当于三口之家平均需要一套 90 平方米的住房。2015 年南京(含高淳、溧水)市商品住房成交均价为 17 753 元/平方米,其中,江南六区的住房均价高达 32 509 元/平方米。那么,按照 17 753 元/平方米商品住房成交均价计算,一套 90 平方米的房子总价是 1 597 770 元。也就是说,在南京购置一套 90 平方米的房子,三口之家不吃不喝需要 12 年,而购买一套平均房价是 32 509 元/平方米的南京主城区的 90 平方米房子则需要 22 年。另一方面,住房供应面积出现一味追求大面积的不合理倾向,住宅中高端产品供应过量,而可供中低收入人群购买的小面积户型、低配置、低总价的住宅供应量过小甚至没有,从而将大多数的中低收入群体排除在外。

综观上述问题,其中的部分困境可以随着城市社会保障制度的改善,逐步得到缓解,也有部分属于城市发展特定历史时期的结构性困境。我国的居住贫困问题是在土地和住房市场化改革的背景下才出现的:一方面,城市低收入人口往往在原有的福利住房制度下没有分配到住房或者仅仅分配到较差的住房;另一方面,在住房供给市场化的改革之下,他们的工资收入水平又无法承受不断攀升的市场价格。而地方政府对于建设经济适用房和廉租房的动力不足,少量的保障性住房资源又在分配环节上出现漏洞等,这些因素交织在一起,使得城市贫困群体的居住问题在房地产市场迅猛发展的背景之下反而日益突出。事实上,作为 18 世纪产业革命和全球性城市化产物的住房问题,在其他国家工业化加速时期主要表现为城市尤其是人口密集的大中城市的住房供应绝对短缺问题。而且,几乎每个国家在完成工业化和城市化的过程中都饱经城市住房供应短缺的痛苦折磨。国外的实践表明,如果解决了城市的住房问题,也就基本上解决了全社会的住房问题。从这个意义上说,城市住房问题是住房问题的焦点和主体。为提高民众福利,缓解住房和社会矛盾,保持社会安定,各国政府都针对城市住房问题进行了积极的干预,从而促成了住房保障体制的萌生。因此,作为住房问题特别是城市住房问题的对应面,住房保障体制的产生与工业化和城市化的发展密切相关。对于正在进行大规模工业化和城市化的我国而言,建立住房保障体制是一项势在必行的重要任务。

4.2.3　保障性住房建设进入新高峰

(1) 1997 年至 2008 年全国经济适用房和廉租房的建设情况

2002 年到 2008 年,全国经济适用房累计投资完成额 4 825.2 亿元,占住宅累计投资完成额的 5.63%;累计新开工屋面积 33 192.5 万平方米,占住宅累计新开工面积的 8.12%;累计实际销售面积 24 960.6 万平方米,占住宅实际销售面积的 7.76%。按每套经济适用房面积平均 60 平方米估算,可以为 553 万户中低收入家庭提供住房。[①] 截至 2006 年年底,全国经济适用房竣工面积累计超过 13 亿平方米,解决了约 1 650 万户中低收入家庭的住房问题,占全国城镇居民家庭总数的 9%。[②]（图 4-3)

另外,根据建设部通报,截至 2005 年底,全国有 291 个地级以上城市实施了廉租住房制度,累计用于最低收入家庭住房保障的资金为 47.4 亿元,有 32.9 万户最低收入家庭被纳入廉租住房保障范围。[③] 到 2006 年年底,全国有 512 个城市建立了廉租住房制

---

① 根据建设部住宅与房地产业司住房保障与房改指导处负责人接受新闻媒体采访时提供的数据,1998～2004 年,全国经适房竣工面积已超过 5 亿平方米,累计解决 700 万户中低收入家庭的住房问题。

② 13 亿平方米经济适用房让 1 650 万户中低收入家庭"安居"[EB/OL]. (2007－08－29). http://news. xinhuanet.com/house/2007-08/29/content_6622037.htm.

③ 建设部《关于城镇廉租住房制度建设和实施情况的通报》。

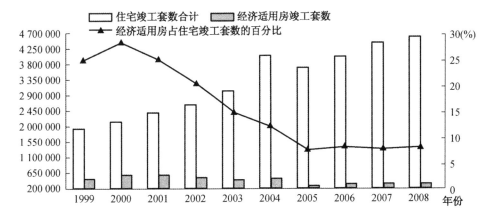

图 4-3　1999~2008 年全国经济适用房竣工套数及其占比

资料来源:作者根据中华人民共和国统计局网站(http://www.stats.gov.cn/)相关数据绘制

度,已经开工建设和收购廉租住房 5.3 万套,建筑面积 293.68 万平方米,累计 54.7 万户低收入家庭被纳入廉租住房保障范围。其中,领取租赁补贴的家庭 16.7 万户,实物配租的家庭7.7万户,租金核减的家庭 27.9 万户,其他方式改善居住条件的家庭 2.4 万户。[1] 而 2007年,全国廉租住房投入近 94 亿元,超过了历年累计安排资金的总和,当年全国新增保障户 68 万户。[2] 在廉租住房保障的资金来源上,以政府财政预算为主。(图 4-4、图 4-5)

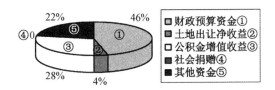

图 4-4　2006 年我国廉租住房保障方式
比例分配布局

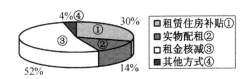

图 4-5　2006 年我国廉租住房资金
来源比例分布

资料来源:李强,等.城市化进程中的重大社会问题及其对策研究[M].北京:经济科学出版社,2009:204

2007 年 8 月 7 日,国务院正式颁布《国务院关于解决城市低收入家庭住房困难的若干意见》,要求改进和规范经济适用住房制度,经济适用住房供应对象为城市低收入住房困难家庭,并与廉租房保障对象衔接。经济适用住房套型标准根据经济发展水平和群众生活水平,建筑面积控制在 60 平方米左右,并根据实际情况每年安排建设一定规模的经济适用房。作为意见补充的《廉租住房保障办法》《廉租住房保障资金管理办法》相继出台,要求对城市低保家庭中的住房困难户基本做到了应保尽保,推动全国廉租住房建设速度显著加快。

(2) 政府加大住房保障的投资力度,有效推动保障性住房建设

2009 年 3 月 11 日,住房和城乡建设部副部长齐骥在做"住房保障问题"专访时指出:在 2007 年国务院 24 号文件,即《关于解决城市低收入家庭住房困难的若干意见》下发后,各级政府和各部门都在积极贯彻 24 号文件提出的住房保障工作的目标要求。2010

---

① 建设部建设通报《2006 年城镇廉租住房制度建设情况》。

② 阳光洒进百万家——2008 年廉租住房建设全速推进[EB/OL].(2008-08-06).http://www.mohurd.gov.cn/zxydt/t20080806_176451.html.

年,"十二五"国家国民经济和社会发展规划纲要提出:保障房建设的目标在于立足保障基本需求、引导合理消费,加快构建以政府为主提供基本保障、以市场为主满足多层次需求的住房供应体系。"十二五"时期,全国城镇新建住房总建筑面积约 50 亿～55 亿平方米,"十一五"时期全国新建住宅为 37.68 亿平方米,"十二五"时期总量超过"十一五"的重要原因是保障性住房规模较大。2008～2010 年共开工保障房 1 020 万套,加上 2011～2015 年规划的 3 600 万套,总计可提供保障房 4 620 万套。如果再考虑到 1998—2008 年提供的保障房,至"十二五"期末,保障房的覆盖面已经超过 20%。然而,20% 的覆盖比率与日本(44%)和新加坡(85%)相比仍有一定的差距。因此,在住建部制定住宅产业现代化十三五发展规划中保障房仍为重点,并逐步将城镇中低收入家庭、外来务工人员、新就业职工等纳入保障范围。

为了保障性安居工程的顺利建设,政府采取了以下主要措施:第一,资金保证。24 号文件中已经明确了廉租住房制度建设的资金渠道,包括地方政府列入财政预算、使用公积金增值收益以及土地出让金不低于 10% 用于这项事业。在这个基础上,2009 年中央又加大了对财政困难地区廉租住房制度建设的资金投入,用于各地廉租住房制度建设的总资金投入将达到 330 亿元,这个数字是 2008 年、2007 年几倍,甚至上十倍的增长。除此之外,中央代理地方增发的国债资金也作为地方的配套资金,补充用于廉租住房制度建设和保障性安居工程。因此,在资金上较 2008 年有更大的保障。第二,土地供应保证。国土资源部 2008 年曾下发专文,对用于保障性安居工程,包括廉租住房建设的土地,实行及时供给、及时划拨。第三,采取多种渠道增加廉租住房房源。例如,地方政府在建设经济适用房和普通商品房的时候,要配建一定比例的廉租住房,使得这些低收入住房困难家庭,在解决住房困难的同时,也能够融入到社区当中去,为他们的就业和生活提供便利。第四,在资金到位、土地供应到位,采取多渠道筹集房源的同时,进一步强化地方政府的责任,坚持省级负总责,市县抓落实。另外,在廉租住房建设过程中,要求保障性安居工程的建设,在选址的时候尽可能选在公共交通比较方便的地段、比较成熟的生活区域。第五,保障性安居工程廉租住房,要严格地按照工程建设程序和国家相关的质量标准来保证质量。[①]

4.2.4 长期性和特殊性

中国正在经历的城市化进程,无论规模还是速度,都是人类历史上前所未有的。1978～2015 年,中国城镇化水平由 17.9% 提高到 56.1%,城镇人口由 1.7 亿增加到 7.7 亿。[②] 到 21 世纪中叶,为了支撑中国实现现代化的总体进程,中国城市化率将提高到 75% 左右。中国将用几十年时间,完成西方发达国家三四百年完成的城市化过程。

从中国城市化的进程我们可以得到两个方面的启示:

第一,在中国,解决低收入人群的居住需求是一个长期的任务,不可能在短期内完成,更不可能通过"运动"的方式毕其功于一役。

国务院在 2007 年 8 月出台了一系列文件,要求各个城市在 2009 年底将住宅保障做

[①] 齐骥.五大措施推进 2009 年保障性安居工程的建设[EB/OL].(2009-03-11).http://finance.ifeng.com/topic/lianghui2009/news/20090311/435955.shtml.

[②] 国家统计局从十六大到十七大经济社会发展回顾系列报告——发展回顾系列报告之七:城市社会经济全面协调发展[EB/OL].(2007-09-26).http://www.stats.gov.cn/ztjc/ztfx/shfzhgxlbg/200709/t20070926_60536.html.

到"应保尽保",一方面体现当前低收入人群的住宅问题的尖锐性和急迫性;另一方面也使我们看到了政府的决心。然而这仅仅是开始,绝不是结束。有很多学者认为对低收入人群居住问题的研究有时效性问题,如果课题研究不能尽快完成就有价值贬值的危险。回顾西方国家地区住房保障体系的建立和完善过程,笔者认为对于中国这样一个城市化水平不高、经济发展极为不平衡的国家而言,在未来相当长的时期里,这方面的研究都具有非常重大的意义。

必须从历史的纬度去看待现在面临的问题,认清城市发展的阶段,预测未来的城市发展方向,而只有这样才能得到具有前瞻性的观点和方法。其前提是认为城市的发展是有规律可循的,城市空间的生长是有其自发的规律性的。而这种城市空间发展的客观规律就是以历史性的眼光看待今天所面临问题的工具。

第二,西方国家的低收入保障住房经验对中国来说只可能在一定范围、一定层次上有借鉴意义。不可能完全照搬哪个国家或地区的成功经验,不可能通过简单的复制解决中国正在或将要面临的问题。

中国的城市化进程,其发展速度和发展方式和西方国家有很大的区别;从内部而言,中国及其城市有其鲜明的自身特点,所处的外部环境也发生了很大的变化。这样的发展方式决定了对已有历史经验的借鉴必须是谨慎的,必须根植于对自身问题的研究,需要探索符合自身特点和发展阶段的城市化道路,而不能简单地把西方城市发展史以拼贴的方式压缩在很短的时代断层中。那么,如何在保证有限资源可持续利用和合理公正分配的前提下,尽可能改善人们的居住条件,提高居住质量成为必须正视的一个重要难题。对于社会这个复杂的系统,住房问题绝不是仅仅靠大规模的住房建设或全面的社会福利就能得以解决,需要站在城市整体协调发展的模式基础上,进行新的探索。

因此,中国特有的城市化进程决定了保障性住房建设的长期性和特殊性。

4.3 保障性住房与城市发展的互动机理——城市发展中改善居住弱势群体居住状况的动力

城市化是人类社会发展的必然过程,人类对城市化无从选择。然而,要使城市化对人类社会发挥积极、有益的作用,就需要协调和控制城市化的发展。具体的协调、控制和受益者,从福利经济学角度来认识,是城市化的利益主体。居民作为城市化的利益主体之一,反映在他们对进入城市和在城市生存发展的愿望,能够得到充分的实现。城市化是城市规模扩张和城市生活质量提升的过程,城市化质量提升的直接受益者首先是城市原住居民,城市化规模扩张的受益者主要是自乡村进入和定居于城市的新移民,城市更高收入的就业,城市高质量的生活方式和消费享受,改变了他们贫困的人生轨迹,丰富了他们的生活内容,提高了他们的生活质量。

4.3.1 保障性住房的土地供应得到保证

(1)保障性住房建设的发展以空间为载体,以土地为依托

城市经济社会的发展以空间为载体,以土地为依托,城市居住建设的发展更是如此。土地是关系到城市居住建设发展极为关键的因素,它既为住宅建筑提供最基础的生产要素,同时又可能通过土地价格的作用影响住宅的价格与供需关系。[1]

---

① 徐瑾.城市居住建设与新市镇空间发展互动关系研究[D].上海:同济大学建筑与城市规划学院,2007.

住宅的开发依赖于土地供应。土地是一切经济活动的载体,土地的固定性和差异性决定了土地资源存在区位效益。土地作为一种不可再生的稀缺资源,其有限性不仅表现在土地总量不随着人口或产业发展等不断增长的需求而增加,更主要的是指某一地区土地的使用具有有限性和排他性,即在有限量的土地上不同用途的土地此长彼消,这一点在城市地区特别突出。由此需要一定的措施来予以协调控制,于是城市土地供应机制应运而生。城市土地供应机制是指"在特定经济制度下土地供应内在关系的总和,包括土地供应计划、土地供应渠道、方式和手段等"[①]。城市土地供应机制是国家在特定的社会经济背景和生产方式下进行城市土地供求管理的制度,对城市土地的使用以及土地利用结构起到决定性作用。土地供给的数量、分布决定居住建设的规模、布局及发展状态。

保障性住房建设是城市住宅建设中的用地大户,其开发受到土地制约。居住用地的供应数量、空间位置、供应结构、供应方式及供应时序对保障性住房建设产生直接影响。同时,居住用地周边、其他功能性质的用地,如公共设施用地、商业用地、交通用地、绿化用地、工业用地等都将对保障性住房的品质产生积极或消极的作用。

(2)新建、扩建是大规模保障性住房建设用地的主要来源

从各国公共住房土地供应的实践来看,保障性住房建设用地来源主要分为三种类型:城市旧区中心的旧城改造、城市中心区外围的建设和新城的开发建设。这一点与前面所述,城市空间要素得以实现的改建、扩建和新建三个途径相一致。

随着城市的发展,中心城区可以用作建设的土地势必越来越少,无法满足城市建设的需要,城市外围地区却有着相对比较充裕的土地可以作为城市功能拓展之用。从我国的现实情况来看,城市旧区中心的保障性住房建设,如果是旧公房的拆建和翻新,在经济上和实施上可行性较强,因为公房的拆除、重建不仅拆迁安置费用低,而且实施上也不涉及居民搬迁和私人房产的补偿,只要解决好原有公房住户的回迁或与其他公房的调换,就不存在实施上的障碍;反之若是旧私房或工业等其他用地的改造,由于保障性住房的租售价受到中低收入家庭住房支付能力限制呈现价格刚性,会遇到经济上的重大障碍。例如,旧城改造中,当一块土地被低层建筑占用,拟发展为高层建筑,发展商必须为此支付很高的额外费用,如搬迁费、补偿费、住房周转金等,这笔费用与新建筑的建筑面积成正比。

现阶段,我国大城市的土地供应,尤其是居住性质的土地也确实开始出现郊区化倾向,并且有不断加强的趋势。沃纳·赫希说:"把城市当作外在因素众多、地价高度影响选址决策的地方,这种观点应当成为分析许多城市问题的基础。"[②]中心城区土地的紧缺带来地价飞涨,土地标价屡创新高,相比较而言,城市外围地区土地价格相对便宜得多。如果在城市中心区外围用地上进行保障性住房建设,比在旧城中心进行改造的难度要小,而且其用地规模限制也相对宽松,可以作为保障性住房用地的主要来源之一。然而,由于同时受到来自面向中高收入家庭的商品住房用地需求的竞争,城市中心区外围用地上还不能完全满足发展中国家大量性的保障性住房建设需求。

新城的开发,是大规模保障性住房建设的另一个主要来源,也是把土地利用规划与人口分布及就业安置计划相结合的有效措施;同时,还是引导旧城人口外迁带动旧城改造的措施之一。由此,土地供应及土地价格决定了新城具有在新建发展方面的比较优势。面对城市土地供应的格局以及土地价格的差异,大量的保障性住房用地选择城市外

① 钱李亮.我国现行土地供应制度的风险研究[J].城市管理与科技,2006(8):39-43.
② 沃纳·赫希.城市经济学[M].刘世庆,车泽民,等,译.北京:中国社会科学出版社,1990:10.

围地区,加入到郊区住宅的投资建设中来。据北京市住房保障办公室资料显示,1994 年北京市建设的 25 个康居住宅大多位于城郊新开发小区。北京市城市规划研究院专家分析,从"九五"计划开始到 2010 年的 15 年间,以平均年住宅建设规模 700 万平方米计,2010 年达到人均使用面积 18 平方米左右,共计住宅建设用地 40 平方公里,除去市区范围新区开发计划的 20 平方公里,其余 20 平方公里用地主要分布于市区边缘,如回龙观、北苑、望京、东坝、定福庄、垡头、南苑和丰台等地区。

4.3.2 居住弱势群体改变居住状况的机遇

从 20 世纪 90 年代开始,我国的城市建设进入了高速发展期。高速的城市化进程表现之一,是在城市内部大规模的旧城改造与更新运动使原有城市风貌发生了巨大的变化。旧城改造成为城市原住居民居住状况和居住环境发生变化的重要因素,成为居住弱势群体有可能改变居住状况的一个机遇。

(1) 希望与忧虑——居民对于旧城改造的矛盾心理

我国城市旧城地区的居民绝大多数是原国有企业的普通工人,人口老龄化问题较为严重,受教育水平普遍较低,部分居民因为企业改制或工厂倒闭而下岗或失业,生活失去经济来源。因此,旧城地区居民无论从经济收入还是社会地位来说,绝大多数属于城市弱势群体,贫困化的问题在旧城地区非常突出。

弱势群体是城市社会结构的有机构成,旧城社区住房问题是弱势群体的突出共性社会问题,弱势居住群体居住质量的改善,不仅能有效缓解和减少社会不稳定因素,还能真正实现全面建设小康社会的奋斗目标和人类住区可持续发展的崇高理想。拥挤破旧的居住环境迫使年轻人一旦达到就业年龄,马上会离开旧城居住区,相比城市其他地区,旧城地区老龄化问题更加明显;受教育水平较低使得旧城地区的很多工人家庭在下岗以后难以寻找到再就业机会,加速了该地区居民底层化的趋势;而在从业人群中,中高收入的白领阶层又非常少,大多为从事一般商业、服务业的普通职工。总体来讲,国有和集体企业改革造成部分企业效益下降甚至破产,以及工人的下岗失业现象有旧城日益衰败的深刻的时代背景,而旧城居民人口老龄化、社会经济地位偏低(表现为教育程度、就业结构和收入等方面)则是旧城缺乏自我更新能力的内在原因。

居民对旧城改造是一种矛盾的心理。一方面,希望旧城改造能够改善目前紧张的居住状态和破败的居住环境;另一方面,由于经济条件的限制,他们又非常担心无力承担高昂的改造成本,而离开原住地到偏远的地区居住,甚至面临流离失所的危险(指那些经济收入和现有住房条件都特别困难的双困户)。

(2) 恢复提高旧城社区机能价值,渐进改善旧城社区居民生活质量

恢复提高旧城社区机能价值。每个旧城社区都将经历规划建设—发展成熟—机能衰退—更新改造的由新至旧再更新的衰退提升演变进程。由于自然和人为等多种原因,社区机能在其长期使用寿命年限内将不断受到损失,房屋及公用设施完好程度不断降低,原有居住功能环境逐渐劣化,表现为物质和经济损耗;由于社会经济发展和技术进步,社会平均居住标准不断提升,将对社区提出现代化要求,使旧社区机能相对衰退,表现为社会损耗。[①] 当社区进入成熟阶段后,如不及时进行有机更新和改善,社区机能及价值将很快降低,迅速老化衰落直至消亡,这是导致许多 70 年代,甚至 80 年代建造的居住小区迅速衰退并被大量拆除的内在原因。相反,如果在社区即将步入加速老化阶段之前

[①] 王晓鸣,李桂青.住宅老化肌理与维修决策评价[J].武汉工业大学学报,1998(20):51-58.

及时进行更新改善,其机能和价值就会得到有效恢复甚至很大程度的提高。

渐进改善旧城社区居民生活质量。由于经济收入和社会能力限制以及社区阶层化驱动,弱势居住群体多集中生活在环境条件较差的旧城社区,社会不公平现实使他们的心理承受力更加脆弱,成为住区社会结构薄弱带和风险源,也正是高犯罪率往往发生在旧城社区和贫困群体中的重要原因。传统的社会网络与生活方式,使居民对旧城社区产生强烈认同感和归属感,形成较和谐稳定安全的社会结构。对历史传统特色风貌地段社区,应基本维持原有居住空间结构和传统生活习性,进行保护性更新改造,在加强旧城基础设施建设的同时,提高社区环境和居住质量,让新老住宅和谐共存并延续社区历史文脉,实现旧城社区居民生活质量的可持续提升。[1]

通过对旧住宅的修缮改造来改善居住条件,无疑是最为理想的办法。在现实中,由于前面分析过的城市更新压力的存在和追求土地经济效益的目标,大规模拆迁改造的更新方式仍然难以快速改变,特别是在靠近城市中心的黄金地段和原有住房为低层住宅的区域,拆迁改造的压力很大。如果不得不采取大规模拆迁改造的更新方式,则应增加拆迁改造后的回迁住房比例。

4.3.3 城市边缘地区空间效率的提高

(1)单中心城市发展策略致使城市空间结构低效

由于受到发展阶段和设施投入的限制,我国大部分大中城市仍然采取单中心的城市发展策略,城市中心区成为聚集人力、财力、物力等优势资源的核心。城市内部的交通服务水平及生活服务质量的空间差异性很大,由中心区向外围递减的趋势明显。各大城市已建成的保障性住房多位于近郊区,即缺乏购买能力的中低收入群体被排斥于级差地租决定的城市生活中心圈之外。在一圈又一圈的往外"挤出"效应中,城市的贫富分区现象不断强化和固化,极大地增加了城市的交通压力、出行成本,中低收入群体的郊区化和被边缘化生存又进一步提高了其改变命运的成本。

由于交通情况不佳,配套服务设施也无法很好地满足居民的需求,影响保障性住房作用的发挥。此外,各大城市的轨道交通建设往往也是关注于解决中心城区居民的出行问题,未能有效地带动外围地区的开发建设。从经济学的视角看,只有在保障性住房对普通商品房形成有效替代的情况下,消费者才会踊跃选择前者。当然,在政府或开发商的预算约束之下,利润较低的保障性住房的供给会在一定程度上降低其他相关服务设施带来的福利,但若消费者选择廉价的保障性住房的机会成本使其所享受的交通、医疗、娱乐、子女就学等方面的服务水平大幅下降,其选择保障性住房的意愿就会大大降低。

以上海为例,政府曾提出过要建设1 000万平方米的配套商品房和1 000万平方米的中低价商品房(即"两个1 000万计划"),但自提出一年之后,此项利民工程便很难继续。原因在于这些住宅位于宝山、南汇、奉贤等郊区外环线以外的区域,与市区距离较远,消费者入住后必将面临严峻的通勤问题。此外,这些地区的周边配套设施也很不完善,大大影响了人们的选择意愿。[2]

(2)优化大城市空间结构以提升保障性住房吸引力

城市的发展一方面体现在城市空间的拓展上,另外一方面则是大量的交通基础设施的建设,以不断优化城市空间结构。上海、北京、广州等特大城市的经验表明,城市空间

① 王晓鸣.旧城社区弱势居住群体与居住质量改善研究[J].城市规划,2003(12):24-29.
② 孙忆敏.我国大城市保障性住房建设的若干探讨[J].规划师,2008(4):17-20.

结构的低效客观上已经影响了保障性住房供应的有效性。在大城市中心城区土地极度稀缺的现实约束下,很难将保障性住房布置在中心地段,因此,提高大城市边缘地区的空间效率将是提升保障性住房吸引力的根本举措之一。以南京为例,全长 23.3 公里的城市快速内环胜利闭合,总长 258 公里的地铁一号线、二号线、三号线、四号线、十号线以及机场线的竣工运营,进一步增强了路网通达性,改善了主城区的交通环境。为尽快解决居民交通出行难题,政府实施"公交优先"战略,优化公交场站、公交专用车道建设以及公交车辆的更新、公交线路,居民公交出行比例逐步提高。在市政公用设施建设方面,城区自来水普及率达到 100%,城区燃气普及率达到 100%,这些都有效地提升了城市的承载能力。

政府在组织编制住房规划时,需要综合考虑交通建设、基础设施、公共服务设施等规划的协调性,做好统筹安排。由于就业在较小范围内较为刚性,因此通勤问题是影响居民选择居住地的重要因素,这也恰恰是一些保障性住房不受欢迎的关键原因。当前,尤其需要引入公共交通导向的开发理念,将公交系统与保障性住房建设同步规划和实施;通过构建高效的公共交通接驳转运系统,形成快速便捷的公共交通网络,在满足大城市中心城区交通需求的同时带动边缘地区的高效开发。此外,还要切实完善配套社会性服务设施,营造具有活力的居住社区,增加保障性住房的数量,使之能够真正形成对普通商品房的有效替代。

具体而言,在宏观层面,要深入分析不同城市的经济、社会发展状况及不同群体的居住需求,对保障性住房建设政策提出合理的建议并在优化大城市的空间结构、提高空间效率等方面体现专业优势;在微观层面,要切实做好保障性住房的选址及相关配套设施的规划工作,确保保障性住房健康、合理地发展。新城的开发建设是大规模保障性住房建设用地的主要来源,也是把土地利用规划与人口分布及就业安置计划相结合的有效措施;同时,也是引导旧城人口外迁带动旧城改造的措施之一。90 年代以来,我国大中城市新城建设大发展机遇是:适应了一定程度上的中高收入家庭居住郊区化趋势,工业企业因产业转换带来的工业人口(包括大量中低收入家庭)从城区向郊区的迁移等趋势。新城建设的主要矛盾是新城市政基础设施和生活配套设施建设、新城与中心城市的交通联系。优先发展新城的基础设施和与市中心的便捷交通建设,会大大推进保障性住房建设,使新城成为解决大中城市住房短缺问题的主要方式,同时也正是政府应在资金上大量投入、在相关政策上大力调节干预的重点。

4.4 保障性住房与城市发展的互动机理——保障性住房建设对城市发展的推动作用

保障性住房与城市之间是局部与整体的关系,其发展的规模、效益要受到城市整体发展框架的制约,其自身功能的发挥也受制于当地的经济基础、人力资源、自然资源等因素。保障性住房的开发建设推动城市化进程:保障性住房的居住者为城市建设提供劳动力,保障性住房的开发建设需要城市化配套的跟进,劳动力资源的充足和城市化配套的完善提升保障性住房周边地带的价值,又吸引房地产及其他产业的投资,实现对城市经济结构的调整,从而进一步推动城市化的进程。

4.4.1 以保障性住房推动新城开发

(1)利用新城开发提高土地差价

新城的开发建设有一个重要的作用,即利用新城开发逐步提高地价,利用土地差价来平衡保障性住房建设的资金。例如,中国香港的新界开发中,开发前的新界地价相对较低,因为那时尚缺乏基础设施和住房需求,所以香港地区政府可以以较低的价格收购农村土地,然后再批租,从而给政府带来巨大的利益。通常,以公共用途收回的土地一部分用于公共住房建设,一部分由私人机构发展。由于香港的公屋数量总是供不应求,申请者需要按照排队表等待,所以公共屋村都是首先建设的。当一些公屋开发项目和公共设施建成后,香港政府就拿出事先计划好的地块向私人发展商招标。通达性良好、环境优美的土地售价通常比未开发的土地高出许多,有时熟地价格是生地价格的十几倍。另外,政府批租公有空地和期满收回的土地同样可以为其带来巨额收入。政府从土地批租和旧城改造中取得了大量收入,从 1955～1985 年的 30 年间,政府从土地和建筑上所取得的收入超过其总收入的 20％,1980～1982 年物业景气时期,这个比例则高达39％～44％。这些收入的大部分被再投入住房和基础设施建设,成为香港地区政府大规模展开其公共住房策略的强有力的经济后盾。[①]

（2）公共交通等基础设施的同步建设

控制保障性住房在新城中所占比例,并将保障性住房尽量分布于新城的不同位置,通过新城中各个区位保障性住房的建设来带动新城的整体发展。在新城安置低收入人群(保障性住房)能在较短的时间内提升新城的人气及成熟度,并能缓解主城区居住紧张的问题,但必须处理好生活与配套、居住与就业的关系。只提供廉价土地的方式是不可取的,政府必须为新城制定一套居住与就业分散相配套的发展政策,以及政府多个部门共同合作,才能实现新城的良性发展。新城开发应该采取交通引导的发展策略,人口、人流稠密的地方成为新城交通规划的重点;交通设施与新城建设紧密结合,在早期发展阶段就实现与地铁等快速交通的有效连接。另外,新城建设还必须重视公共交通设施(包括地铁、铁路、公路)与保障性住房建设同步完成;生活、生产就业、公共文化教育、医疗保健等同步建设;再加上政府资金计划的支持,才能在真正意义上实现保障性住房建设对新城开发的推动作用。

因此,从实际操作的角度来说,保障性住房建设用地供应的主导方式应是在道路、水电等基础设施具备开发潜力,并充分考虑这些保障性住房在城市总体分布中的均衡性的前提下,建设成规模的新型居住社区。这些社区既可直接建设经济适用房等保障性住房,又可用于市区拆迁和旧公房住户换房的房源,从而既从总量上保证保障性住房供应量的实现,又可从结构上使公房住户得以流动,以及使旧城公共住房建设用地的拆迁能够顺利完成。

保障性住房建设对经济的拉动效用明显,以 2013 年为例,全国城镇保障性安居工程建设任务新增开工面积 3.47 亿平方米(新开工 630 万套,户均面积 55 平方米计算),如果不考虑新增保障性住房对商品房用地的挤压,新增部分拉动整个房地产开发投资约 8 889 亿元,贡献了整个房地产开发投资额 12.38％的份额,为 GDP 总额的 1.71％,对房地产产业链上下游中的水泥、钢铁、化工和机械制造以及银行等多个行业的拉动效应十分明显,而同年竣工的 470 万套保障性住房对产业链中的家具、家电等行业有巨大拉动作用。

4.4.2　缓解城区压力,有效抑制房价

城市规模的显著增长是世界城市化现状的首要特征,我国城市化的进程亦伴随着城

---

①　田东海.住房政策:国际经验借鉴和中国现实选择[M].北京:清华大学出版社,1989:151.

市规模的不断膨胀。城市化在集中人口、加速繁荣的同时,也带来诸多弊病,如空气与水质的污染、交通的拥挤、周边居住环境的恶化等。以南京为例,江南六区中,除雨花台区和栖霞区外,人口密度一直以来都很高,而江宁区、浦口区和六合区人口密度则很低。近二十年内,南京市人口数量总体上处于上升阶段,老城区人口仍在增长,主城区外缘和近郊区人口增长最快,呈"摊大饼"式蔓延;但人口密度分布不尽合理,中心城区密度居高不下,东北部远郊人口密度过低。南京老城面积仅40平方公里出头,却集中了超过130万的人口,成为全国人口密度最高的区域之一。

城市化过程中,大量人口拥挤在中心城市会带来拥挤成本,破坏环境资源。南京市政府已明确"三个集中、一个疏散"的发展方针,目标将老城人口由每平方公里将近3万人降到2.5万人以下,这样算下来,将会有约30万人逐渐离开老城。规模较大的社会保障性住宅郊区化可以缓解城市中心区过密的人口,改善人居环境。城市中心区人口密度下降的同时也缓解了城市中心区的住房和交通压力,保证了城市中心从容地发展,如可以在市中心发展高附加值的第三产业。城市边缘的大规模经济适用房居住区对于增加城市边缘吸引力,吸引人流、物流集聚,增强边缘地区活力起了很大的作用,构成城市的"反磁力",这也是缓解城市中心人口压力,促进城市整体空间布局优化的一个因素。

在传统计划经济体制下,我国土地的所有权和使用权都归国家所有,土地以行政干预、无偿无期的统配方式划拨,严格的土地控制使得居住建设的规模被限定在一个非常有限的范围内,禁锢了居住建设的自主健康发展。改革开放以后,随着土地供应政策的改革、市场机制的引入,我国土地逐步转向有偿供应,土地出让的放开意味着住宅建设不再为国家所垄断。在看到住宅开发有利可图的情况下,更多的资金开始进入房地产业,自主或不自主地推动居住建设向前发展。与此同时,由政府主导的保障性住房建设,通过有效的介入(建设用地的政府划拨方式、建设资金的良性循环、建设管理的高效有序等),控制土地投放量的宏观调控,对商品住宅的市场开发产生影响,保证房地产业和城市整体的稳定健康发展。

4.4.3 以保障性住房促进居住融合

快速的城市化进程中,以居住空间分异为主要特征的社会空间分异已经开始在我国城市出现,其所呈现的不断强化的趋势是不容忽视的。从城市居住空间分异的形成机制中可以看出,居住空间分异现象是市场作用的结果,在市场经济的环境中存在一定的必然性。但是如果政府不加以适当的引导,也会对社会带来许多消极影响。[①]

(1)新城住宅建设考虑社会各阶级及阶层的融合

早在1966年,Heraud就在 *Urban Studies* 杂志上发表文章就新城开发对伦敦住房问题的影响进行了研究。两年后,他又在此杂志上对新城开发中的空间分异现象进行了批评,认为新城不应过多地建设工人新村,以免造成工人阶级住宅的集中化。新城住宅建设应该考虑到社会各阶级与阶层的融合,以便维持社会系统的自平衡,确保社会结构的稳定。为此,新城应多建一些混合型社区(B. J. Heraud,1968)。其后,Bolwell、Clarke和Stoppard也针对英国Crawley新城建设导致整个城市社会结构的变迁进行了实证研究,并就新城开发带来的社会问题表示忧虑(L. Bolwell, B. Clarke, D. Stoppard,1969)。Ralph Gakenheimer在研究了发展中国家的相关新城建设案例后,对新城建设中存在的若干社会问题进行了分析批评(R. Gakenheimer,1976)。在这些弱

[①] 侯敏,张延丽.北京市居住空间分异研究[J].城市,2005(3):49-51.

势社区中由于缺乏认同感与归属感,社区参与的组织能力显得异常微弱。研究建议维持传统的社会结构以改善其社会经济生活(M. Rueschemeyer, 1993)。因此,新城住宅建设应该考虑到社会各阶级之间的融合,以便维持社会系统的自平衡,确保社会结构的稳定。①

作为一种经济和社会平衡的手段,当在新城建设初期修建的保障性住房形成一定规模后,有助于导入其他商品住房的开发。一方面,利用土地由生地变为熟地,升值后的土地收益平衡保障性住房建设资金;另一方面,以中低收入阶层为主要对象的保障性住房与其他阶层的住房混合布局,有利于社会平等的实现。从社会学的角度看,这样的做法是合理的,低收入人群居住地点相对分散,低收入、中等收入、高收入人群的适当"混合",小同质大异质的居住分布模式有利于社会的稳定、设施资源的充分利用以及相互各取所需,低收入人群为高收入人群提供服务的同时也解决了部分低收入人群的就业问题。②

(2)以促进居住融合作为保障性住房建设方式选择的目标

以欧美国家的发展经验,低收入家庭的集聚以及与社会其他阶层的隔离,不仅带来城市环境方面的问题,诸如:高密度、拥挤、公共设施匮乏等,还会引发犯罪率增高、失业、严重依赖福利政策等一系列社会问题。70 年代以后,欧美国家意识到低收入家庭集中所带来的社会和环境问题,开始逐渐改变以往集中建设公共住房的传统做法,转而以不同收入阶层的居住融合作为基本发展策略,力求在邻里层面将不同收入和阶层的居民结合起来,形成相互补益的社区,尤其对于低收入群体而言,使之不致被排除在城市主流社会生活之外。③

有研究者基于实证研究指出,与相同收入群体同质居住的模式相比,不同收入群体混合居住的模式有助于降低住区内低收入阶层居民和其他收入阶层居民的社会距离,并有利于缓解低收入阶层居民的自我孤立和自我隔离问题。④ 综合已有的研究来看,居住空间分异现象的出现,使社会贫富差距日益表现在空间布局上,扩大了社会各阶层之间的社会距离,并可能导致低收入群体的集聚和与其他社会阶层的隔离,不利于社会的公平和稳定。因此,采取积极有效的控制和引导措施促进各阶层的居住融合,避免低收入群体的过度聚集和与其他社会群体隔离所可能引发的各种社会问题是十分必要的。保障性住房是政府在住房领域实施社会保障的重要途径,促进社会公平和社会稳定是其基本价值理念。在当前构建社会主义和谐社会的宏观政策背景下,保障性住房的建设方式选择应以促进居住融合和低收入阶层的提升为目标,积极探索与其他商品住房混合建设的方式,以推进社会的整合。

① 朱东风,吴明伟.战后中西方新城研究回顾及对国内新城发展的启示[J].城市规划汇刊,2004(5):31-36.
② 张静.大城市理性扩张中的新城成长模式研究——以杭州为例[D].杭州:浙江大学管理学院,2007.
③ 焦怡雪.城市居住弱势群体住房保障的规划问题研究[R].北京:北京大学环境学院,2007.
④ 田野,栗德祥,毕向阳.不同阶层居民混合居住及其可行性分析[J].建筑学报,2006(4):36-39.

5 保障性住房的现实困境——以南京为例

5.1 南京保障性住房的发展历程

南京是我国经济核心区——长江三角洲的重要中心城市,距亚太地区重要经济中心——上海300公里,与沪、杭呈三角之势,具备广阔的经济发展腹地。2013年,完成部分行政区域调整的南京由玄武、鼓楼、秦淮、建邺、栖霞、雨花台、江宁、六合、浦口、溧水、高淳等11个区组成。从1949年中华人民共和国成立至1978年改革开放,南京的用地扩展过程是跃进发展和填空补实交替的特征,从用地扩展方向上来看以向东、向北为主,先向东、后向北,向东为新辟文教区,向北为新辟工业区,逐步拉大了城市空间框架。改革开放后,南京的城市用地扩展数量增大,速度加快。80年代后期随着南京的经济发展和产业结构的升级,城区工业开始外迁,老城区第三产业和居住用地逐渐取代工业用地。90年代以来,南京河西新城、仙林大学城、江宁新区、江北新城的建设,使得城市发展框架进一步拉大。

5.1.1 从"住房市场化"到"兼顾保障性住房"(2002年以前)

1998年以来,随着住房制度改革不断深化,居民住房消费开始启动,房地产市场体系不断深化,以住宅为主的房地产业成为推动南京经济持续快速增长的重要因素。在房价持续较快上涨的过程中,中低收入家庭住房支付能力下降,南京市委、市政府十分关心城镇居民的住房保障问题,特别是中低收入困难家庭的住房问题,采取了包括建设教师住房、集资建房、拆迁复建房、合作建房等在内的多项措施。自1995年以来,通过多种办法开发建设的上述各类住宅近500万平方米,建成了月苑、虹苑、清河、宁工新寓在内的一大批经济适用房,大大改善了市区贫困家庭的住房条件,人均居住面积由1995年的8.1平方米增加到2000年的10.1平方米,有力配合和推动了全市的住房制度改革,取得了较好的社会效益,受到国家和省政府的肯定。

1999年至2001年南京市总计批准经济适用房项目计划面积约80万平方米,其中2000年经济适用房施工面积为47.6万平方米,占全市施工总面积的4.9%,2001年为10万平方米,占全市开工面积的2%。2002年南京市政府首次定向开发的10万平方米经济适用房建设顺利实施,其中5万平方米于当年年底竣工。当时,政府部门承诺在未来4年里将陆续开发60万平方米以上的经济适用房,专门面向低收入家庭。此举告别了南京市经济适用房建设连续多年进退两难的局面,为南京市大约1万户低收入住房困难户带来了福音。

5.1.2 政府主导的大规模保障性住房建设(2002~2008年)

2002年以来,伴随着商品住房的普遍高档化,出现了住房价格虚高、普通居民购房压力大以及社会贫富差距拉大等社会反响强烈的问题。因此,在住宅市场多元化的同时,政府转向重视中低收入家庭的住房问题,南京市政府加大政策扶持力度,大规模有序推进经济适用房和中低价商品房建设。保障性住房一方面可以为没有能力从市场获得住房的居住弱势群体提供住房保障,同时可以间接平抑虚高的房价。

为了保证城市建设的顺利进行,保障社会安定团结,南京市政府从 2002 年起开始大规模的经济适用住房建设,以解决城市低收入居住困难群体的居住问题,同时为城市建设拆迁户提供补偿性住房。为此启动的"三百三房"工程的具体目标是:用三年时间新建 100 万平方米经济适用房和 100 万平方米中低价商品房,改造 100 万平方米危旧房。在此期间,按照"总量控制、分步实施、招标建设、统筹供应"的原则,不断增大经济适用房建设的力度:2002 年建设经济适用房 20 万平方米,2003 年建设量达到 91 万平方米,此后每年的建设量都在 120 万平方米以上。其中 2006 年建设经济适用住房 29 个项目,用地总面积 978 公顷,总建筑面积 926 万平方米,114 678 套住房,包括景明佳园、兴贤佳园、恒盛嘉园、仙居雅苑、百水芊城、芝嘉花园、春江新城、银龙花园、尧林仙居、五福家园、青田雅居、翠林山庄、摄山星城、金叶花园、燕佳园等 15 个小区,解决了 5 万余户城市"双困"家庭和被拆迁住房困难家庭的住房问题。[①] 2007 年,南京的经济适用房建设总量已经达到江苏省的三分之一,同时各年的经济适用房竣工量也相当于当年全市住房建设总量的四分之一左右。[②](详见表 5-1、表 5-2)

表 5-1　2002～2007 年南京经济适用房投资额在全社会固定资产投资总额中的比重

	2002 年	2003 年	2004 年	2005 年	2006 年	2007 年
生产总值(GDP)/亿元	1 385.14	1 576.20	1 910.00	2 413.00	2 774.00	3 275.00
全社会固定资产投资/亿元	603	954.05	1 201.88	1 402.72	1 613.55	1 868
经济适用房完成投资额/亿元	1.2	12.6	26.6	25	27	44.8
比例(%)	0.2	1.3	2.2	1.8	1.7	2.4

资料来源:作者根据南京市统计年鉴和南京市房改办提供数据绘制

表 5-2　2002～2007 年南京经济适用房在房地产投资中的比重

	2002 年	2003 年	2004 年	2005 年	2006 年	2007 年
房地产开发投资额/亿元	137.6	183.8	292.9	296.14	351.17	446
经济适用房完成投资额/亿元	1.2	12.6	26.6	25	27	44.8
比例(%)	0.9	6.9	9.1	8.4	7.7	10

资料来源:作者根据南京市统计年鉴和南京市房改办提供数据绘制

按照《城镇最低收入家庭廉租住房管理办法》要求,城镇最低收入家庭廉租住房保障方式应当以发放租赁住房补贴为主,实物配租、租金核减为辅。南京自 2002 年实施实物配租保障方式已经完成了五批选房工作。截至 2008 年,全市主城区已经累计有 1 985 户最低收入住房困难家庭得到了实物配租保障,其中 2008 年的保障对象是连续两年享受城市最低收入保障的 851 户无房家庭,涉及玄武区 127 户、白下区 174 户、秦

---

①　南京市住房制度改革办公室《南京市经济适用住房建设巡礼》。

②　数据来源:江苏省统计局.江苏省统计年鉴 2002—2005[M].北京:中国统计出版社;南京市房产局提供的数据资料。

淮区 134 户、建邺区 85 户、鼓楼区 77 户、下关区 170 户、栖霞区 15 户和雨花区 69 户。廉租房房源包括现房和期房两部分,主要分布在西善花苑、摄山星城、龙潭江畔人家、南湾营、春江新城和银龙花园等 6 个经济适用住房小区,房屋的套型为一居室和二居室,建筑面积为 40 平方米左右和 50～60 平方米,基本实现了对符合条件的最低收入家庭"应保尽保"。[①]

南京从 2003 年开始实施集中建设中低价商品房,2003 年中低价商品房招标拍卖成交土地规划总面积 37.2 万平方米,占成交土地总量的 4.6%;2004 年中低价商品房标拍卖成交土地规划总面积 7.5 万平方米,占成交土地总量的 2.1%。[②] 到 2005 年底,完成南湾营小区、百水家园、双和园、幕府佳园等项目的建设,总占地面积约 170 公顷,规划建设面积约 200 万平方米。从陆续出台的《南京市住房建设规划》与《南京市住房保障规划》来看,保障性住房的规模还将继续增大。

5.1.3　保障性住房建设进入不断完善的快速发展阶段(2008 年以后)

2005～2010 年五年间南京市保障性住房竣工面积达到 1 200 万平方米,在"十二五"期间,南京市的住房保障制度得到进一步完善,构建廉租房、经济适用房、中低价商品房结构合理的住房保障体系,满足中低收入保障人群需求,推进老旧小区改造构建和谐社会。[③] 随着房地产价格的进一步上涨,南京市保障性住房建设步伐也进一步加快。至 2015 年,住房面积不足全市平均水平 60% 的家庭基本保障到位。全市新开工保障性住房 280 万平方米,竣工 280 万平方米,包括丁家庄二期和西花岗西两处,分别提供约 4 000 套左右的保障房,同时居住周边的环境和配套得到完善。到 2018 年,南京将建设公共租赁房 10 000 套、50 万平方米;今后 5 年将建设保障性限价房 17 500 套、140 万平方米,新建征收拆迁安置性保障房 34 万套、400 万平方米。套型建筑面积在 90 平方米以内的普通商品住房、公共租赁房和保障性限价房建筑面积应达到新建住房总建筑面积的 70% 以上。实现住房保障覆盖 20% 人群的目标,重点关怀城市中低收入、新就业大学生、外来务工人员等群体,解决他们的住房难题。[④]

与过去不同的是,2008 年以后新规划建设的保障性住区的用地多在 20 公顷以上,容积率多在 2.0 以上,甚至出现容积率在 3.0 以上全高层住宅保障性住房小区,住区户型面积集中在 40～90 平方米。住房供应对象扩展,增加廉租房实物配租比例和公共租赁住房建设。保障性住房小区建设趋向结合地铁站点和不同住房类型的混合,以 2010 年规划建设的岱山保障房项目为例,该项目总用地面积 228 公顷,总建筑面积约 380 万平方米,住房以各类保障性住房(廉租房、公共租赁房、经济适用房)为主,配建一定比例普通商品住房和完善的公共服务设施(图 5-1)。

有效解决城市中低收入家庭的住房问题,一直是南京住房保障工作的重要目标。尽管政府已经为构建住房保障体系做了大量工作,但如何有步骤地扩大保障面,真正建立科学的住房保障制度是需要进一步解决的课题。2012 年南京市城市化率已经达到 80%,为新一轮的住房建设提供了广阔的承载空间。

---

① 数据来源为 2009-11-20《南京日报》。
② 南京市规划局、南京市城市规划编制中心《2005 年度土地招标拍卖规划汇总分析》。
③ 《南京市"十一五"住房建设规划纲要》。
④ 南京市政府办公厅发布《关于加强我市住房保障和供应体系建设的意见》。

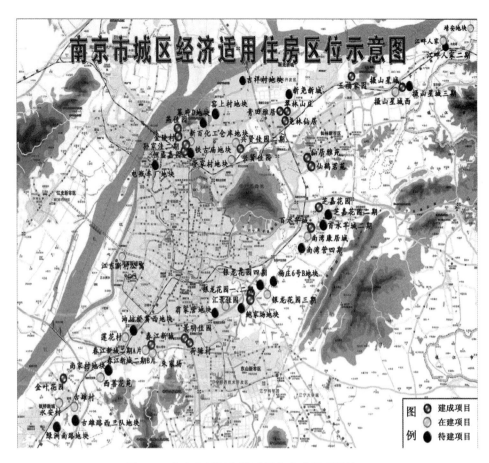

图 5-1　南京市城区经济适用住房建设项目情况

资料来源:南京市房改办

5.2　空间分布特征与总体发展趋势

政府对社会保障性住房项目开发实行划拨用地、各种税费减少征收的优惠政策。因此社会保障性住房的开发建设必然会降低城市土地收益,所以很多城市的社会保障性住房选择在城市边缘或近郊区土地收益额小的地段进行建设。按照土地的现有价值或者机会价值去确定城市土地的性质,将价值较低的土地定位为保障性住房建设用地,必然会导致保障性住房建设用地连绵成片。南京市保障性住房建设的现状和近期规划中存在同样的问题。

5.2.1　阶段性特征

(1) 2002～2009 年南京市保障性住房空间分布情况

在 2002～2009 年的 7 年时间,南京市所建的 1 128.94 万平方米保障性住房中,511.93万平方米分布在栖霞区,占总数的 45.35％;325.33 万平方米分布在雨花台区,占总数的 28.82％;94.35 万平方米分布在白下区,占总数的 8.36％;63.38 万平方米分布在玄武区,占总数的 5.6％;28.5 万平方米分布在下关区,占总数的 2.5％;26.8 万平方米分布在建邺区,占总数的2.5％;21.19万平方米分布在秦淮区,占总数的 2％(图 5-2)。

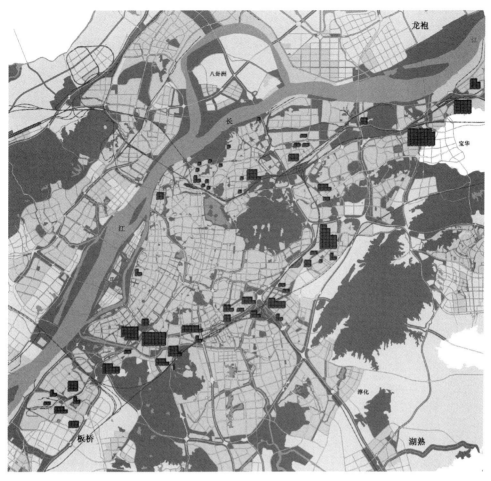

■ 每个方块代表5万平方米
的保障性住房

图 5-2　南京保障性住房空间分布图

资料来源:作者根据南京市房改办提供数据绘制

(2)以各行政区划为界,保障性住房建设呈不均衡空间分布

2002 年,南京开始大规模建设保障性住房,以解决城市低收入居住困难群体的居住问题。景明佳园和兴贤佳园是最早建成的两个保障性住房小区,分别位于雨花台区和栖霞区。此后,栖霞区和雨花台区成为南京保障性住房建设用地的主要来源,历年来两区内保障性住房的建设量都占南京市区总建设量的三分之二以上。尤其是栖霞区,几乎每年都承担了 50% 左右的保障性住房建设量,如 2005 年的 58.52%、2006 年的 58.18%、2007年的 56.57% 以及 2008 年的 58.30%,雨花台区的保障性住房建设量大约占总量的 15%~30% 不等,而其他区则均没有超过 20%,有的甚至不足 1% 或者是零(表 5-3,图 5-3)。

表 5-3　2002～2009 年各年各区保障性住房建设面积占全市建设面积的比例(%)

	雨花台区	栖霞区	玄武区	白下区	下关区	秦淮区	建邺区	鼓楼区
2002	65	35	—	—	—	—	—	—
2003	44.73	37.77	17.5	—	—	—	—	—

	雨花台区	栖霞区	玄武区	白下区	下关区	秦淮区	建邺区	鼓楼区
2004	44.67	29.46	11.97	13.9	—	—	—	—
2005	14.14	58.52	—	15.93	11.44	—	—	—
2006	23.13	58.18	8.30	10.39	—	—	—	—
2007	19.42	56.57	8.58	6.6	—	8.83	—	—
2008	26.02	58.30	4.9	6.86	0.7	3.4	—	—
2009	35.32	38.34	1.94	6.32	4.98	—	13.10	—

资料来源:作者根据南京市房改办提供数据绘制

以各行政区划为界,南京保障性住房建设空间分布的不均衡状态,不仅表现在总量上,还反映在保障性住房建设项目的数量上。栖霞区内每年开工或竣工的保障性住房项目保持在 5～8 个,雨花台区内每年开工或竣工的保障性住房项目为 3 个左右,近两年增加至 6～8 个,所占比例与栖霞区内建设项目逐渐相当,其他市区则零星地有1～2 个项目交替建设。

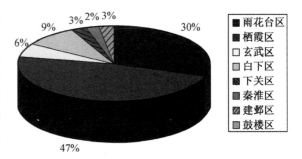

图 5-3　各区已建保障性住房面积所占比例

资料来源:作者根据南京市房改办提供数据绘制

因此,总体而言,南京市保障性住房在江南八区的分布很不均衡,向栖霞区和雨花台区两区集中的趋势十分明显。特别是在外秦淮河、护城河对岸,以及玄武湖东北岸为界的老城范围内的一些中心城区,如秦淮区等,保障性住房的规划建设明显少于其他区,而鼓楼区则几乎一处也没有(江东新村公寓是鼓楼区唯一一个保障性住房项目,项目规模 14.14 万平方米)。

保障性住房以各行政区划为界的均衡空间分布主要原因在于南京老城区人口密度过高,建设用地极度稀缺所致。南京老城面积仅 40 平方公里出头,却集中了超过 130 万的人口,成为全国人口密度最高的区域之一。也就是说,目前南京老城的面积约占主城的五分之一,人口却占到三分之二。其中,人口密度最大的鼓楼区全区平均密度为 2.81 万人/平方公里,这也是鼓楼区没有一个保障性住房项目的原因所在。雨花台区和栖霞区则相对人口密度较低,土地供应量充足,因而成为南京市保障性住房建设的重点地区,同时也造成了保障性住房在两个行政区划内的大面积绵延分布。

(3)以市区为界,保障性住房围绕绕城高速沿线呈带状分布

南京市主城区内建成保障性住房空间分布呈现出保障性住房围绕绕城高速沿线呈带状分布。按照南京市的总体规划,南京的主城区为绕城公路以内的江南八区(2013 年以前),而在南京市房产局列出的已建和立项的 35 个保障性住房项目中,位于主城区范围内的仅有恒盛嘉园、兴贤佳园等 6 个项目,而这 6 个项目都位于主城区边缘,位置较为偏僻。长江以南部分,大多数分布在绕城公路一线,靠近宁芜铁路,距离绕城公路在 3 公里距离内的住区达到了全部的 60%以上,形成了明显的保障性住房建设带;其余形成组团分布的状态,如位于和燕路沿线,以及位于仙林新城区边缘的摄山片区;而位于江北的经济适用房分布较零散。这一带是南京市中心城区和新城区之间的隔离带,从城市发展

的角度无疑应加以控制,也很难成为城市未来发展的重点区域(图 5-4)。

图 5-4　沿绕城高速外侧带状分布

资料来源:东南大学课题组

在沿绕城公路带状分布的同时,现有保障性住房的分布还同时呈现组团聚集的特征。形成了春江新城、百水芊城(南湾营)、仙鹤门、尧化门、孙家洼等多个经济适用房小区组团。每个保障性住房小区组团由 3~4 个甚至更多的项目组成,整体建设量巨大,呈规模化趋势。如一些项目出现规模化集中建设的趋势,以春江新城现有规划建设的四期工程,总用地规模达到 100 公顷,建设总面积达到 107 万平方米。摄山星城仅两期工程,总建设规模就达到了 100 万平方米。(图 5-5)

另外,保障性住房的选址大多远离规划中的快速交通线路(地铁),除了建邺区有少数项目接近规划中快速交通线路的末端外,其他地区基本上远离规划中的快速交通线路,交通可达性差。

A. 主城边缘的带状分布不利于低收入人群的就业

南京的第二产业中缺乏具有活力的劳动密集型中小企业,这就使得本身教育水平和职业培训有限的低收入人群难以跨入工厂的大门。也就是说,虽然工业用地不断地从南京的主城区内疏散至新城区甚至更远的郊区,在新城区和近郊区,能够提供给低收入人群的工作岗位依然是非常有限的,并且也很难随着城市经济的发展有所增长。这和整个中国的产业升级的过程也是一致的。而第三产业的发展和集聚趋势在未来一段时间内不会改变,甚至有加速的特征。和逐步向高新科技升级的第二产业相比,第三产业的发展创造出了大量的就业岗位,其中一部分服务性行业对从业人员的教育水平和职业培训要求有限,可以为低收入人群提供一定的就业岗位。然而这种类

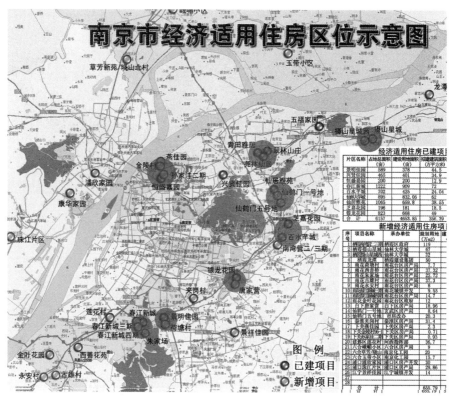

图 5-5　多个住区积聚成团

资料来源:东南大学课题组

型的就业岗位不断在主城区中心区域集聚,未能将就业和居住同时疏散于新城区或者主城区边缘。

对于低收入人群而言,主城区中心区依旧是南京市最为重要的就业中心,并且这种就业集聚状况在未来有进一步加剧的趋势。而从城市交通角度来看,主城区边缘一带恰恰是交通条件最为不利的。从南京的城市空间结构布局来看,南京的单核结构模型明显。即便河西副中心在近年来有了较快发展,也远未能取代主城中心。而江宁、仙林、浦口三个新城区更加难以在短期内和老城中心抗衡。在第三产业就业集聚加剧的趋势下,在短期内南京就业机会(特别是低收入人群的就业机会)在老城中心集聚是必然的趋势。

B. 主城边缘以过境交通道路为主,交通可达性不佳

沿绕城高速带状分布的低收入人群集聚带距离市中心的距离多为 15～20 公里,这一距离已经是步行和自行车难以到达的了。公共交通,尤其是地铁无疑是最佳的选择,在没有地铁线路的情况下,公交车是最为重要的日常交通工具。

从地图上看,主城边缘一带高等级公路较多,看似交通便利,实则不然。绕城公路是南京重要的城市外环线,为快速道路,基本上采用高架的形式,车辆限速为 100 公里。周边的其他道路(如省道和国道)从功能上来说也多为过境道路,绕城公路无疑对其沿线的低收入住宅居民出行贡献不大。按照南京市的规定,高速公路不能通行普通的公交车,车辆不允许超载,绕城公路作为高速路自然也没有设置非机动车道,对于普遍不能负担私家小汽车的低收入居民而言价值不大。与此同时,绕城公路沿线也和宁芜铁路走线重合,高速路、铁路共同加剧了城市交通的割裂,这一区域近端路多,服务城市内部交通的道路路网密度小。已经投入使用的地铁线路和低收入人群居住带的交叉仅为点状,能够

享受地铁便利的居民数量不多。

低收入人口的交通出行以公交车、地铁等低价公共交通工具为主。从这样的角度来看以大规模,快速的公共交通主导的郊区、新城发展——TOD模式主导的经济适用房开发是更为合理和现实的。令人欣慰的是,管理部门也意识到这一问题,如已经完成建设的河西莲花村地块就紧邻地铁二号线汪家村站,交通便利,可以较好地解决这部分低收入人群的出行问题。

5.2.2 发展趋势

(1)保障性住房供应量逐年增加

从总体发展趋势上看,南京市保障性住房建设在住宅建设中所占比例逐年增加。在1998年国务院《关于进一步深化城镇住房制度改革,加快住房建设的通知》政策的推动下,经济适用房建设全面启动,并在2004年达到顶峰。2004年保障性住房投资完成额达到住宅总投资完成额的26.6%,新开工房屋面积占住宅总开工面积的31.77%,实际销售额占住宅总销售额的24%,实际销售面积占住宅总销售面积的32.69%,成为推动房地产市场发展的一支重要力量。

随着住宅市场的商品化发展,房地产市场得到了快速发展,而保障性住房由于利润受到政策限制,市场开发热情降低,在商品住宅中所占比例开始逐年下降,并在2005年首次出现了负增长。2005年的保障性住房投资完成额占住宅总投资完成额比例下降为1.6%,新开工面积占住宅总开工面积的比例下降为26.37%,实际销售面积占住宅总销售面积的18.46%。(图5-6)。

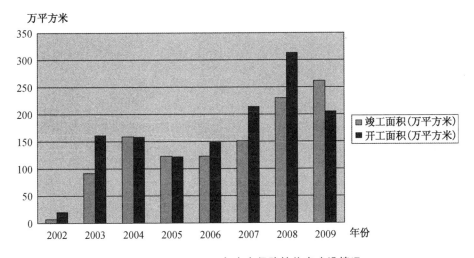

图5-6 2002~2009年南京保障性住房建设情况

资料来源:作者根据南京市房改办数据绘制

2007年,随着国家对保障性住房建设的高度重视以及一系列相关条例实施,南京市政府也制定了许多具体措施,包括《廉租住房保障资金管理办法》(实施日期2008年1月1日)、《廉租住房保障办法》(实施日期2007年12月1日)、《2008年—2010年南京市住房保障规划纲要》《南京市政府关于解决城市低收入家庭住房困难的实施意见》(实施日期2008年1月1日)等。这些措施的出台,有效推进了南京市的保障性住房建设,在2007~2009年期间实现了保障性住房的高速发展。2008年,保障性住房竣工面积突破

200 万平方米,开工面积 300 多万平方米,2009 年保障性住房竣工面积达到 262.37 万平方米,比 2008 年又增加 14.11％。

（2）在全市各区的空间分布趋向均衡

总体而言,南京市保障性住房分布相当不平均。但是,近年来就规划单元而言保障性住用地均匀分布在各规划单元,其中主城最多;在全市各区的空间分布呈现出均衡的趋势。2006 年开始,南京市经济适用房的选址分布从栖霞区和雨花台区两个行政区逐渐涉及其他各区,2008 年,白下区、玄武区和下关区开始建设保障性住房,但项目面积不大,三区总量相当于全市总竣工面积的 20％左右,所占比例较小。（图 5-7、表 5-4）

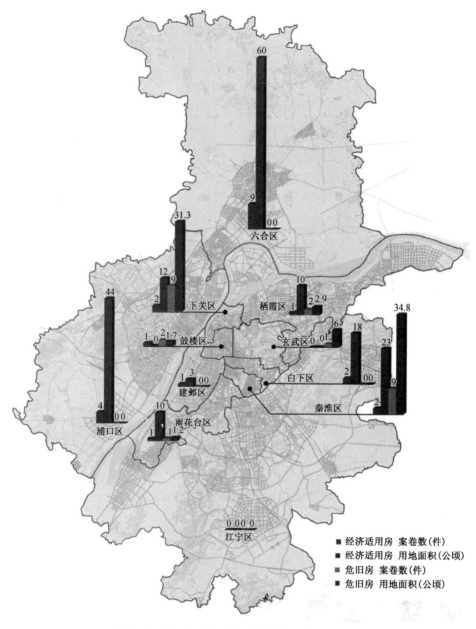

图 5-7　2008 年南京市区政策性住房地域分布图

资料来源:南京市规划局资料

\与城市化共生

表 5-4 2008 年南京市区政策性住房选址阶段情况一览表

规划单元	案卷数(件)	所占比重(%)	总用地面积(公顷)	所占比重(%)
主城	39	60.9	205.6	43.7
新市区	5	7.8	66	14.0
新城	10	15.6	130.1	27.7
其他规划单元	10	15.6	68.7	14.6
合计	64	100	470.4	100

资料来源:南京市规划局资料

2008 年,主城区均有在建的保障性住房项目,特别是在鼓楼区这样的用地非常紧张的中心老城区(在以往的建设规划中一处经济适用房项目也没有)开工建设了第一个经济适用房项目——江东新村公寓。2009 年,保障性住房在其他六个城区的分布明显增多,在栖霞区和雨花台区绝对集中的趋势有所缓解。值得一提的是,除了主城区以外,江北的三区及高淳、溧水也开始有规模地建设保障性住房,每年的开竣工面积分别在 60、100 万平方米左右,并有不断增加的趋势,包括经济适用房、廉租房、拆迁安置房和危旧房改造,解决了由于城市扩张带来的大量居住困难和拆迁安置问题。

(3)建设项目由少到多,规模呈小型化趋势

南京市保障性住房居住区经历了从最初的量少、小型化向集中、大型化发展,再逐渐向分散、小型化转变的过程。南京第一期推出的经济适用房:景明佳园(一期)、兴贤佳园(一期)规模都比较小,占地面积基本上在 10 万平方米左右(景明佳园一期建筑面积 13 万平方米,兴贤佳园一期建筑面积 7 万平方米);到后来的百水芊城、兴贤佳园(二期)占地面积逐渐增大(百水芊城建筑面积 30 万平方米,兴贤佳园二期建筑面积 44 万平方米);而等到后来春江新城(一期)、摄山星城的推出,占地规模迅速增长,达到 80 万平方米[春江新城(一期)建筑面积 81 万平方米,摄山星城建筑面积 60 万平方米],有的甚至将近 100 万平方米,如 2006 年开工建设的南湾营(二、三期)建筑面积 99.6 万平方米。

2007 年以后,南京的经济适用房建设显得更加理性而有序,建设项目由每年的 10 个左右逐渐增加至 30 个左右,2009 年全市(包括三区二县在内)的经济适用房新建和续建项目一共有 41 项。在项目地点的分配上,打破在栖霞区和雨花台区二区绝对集中的状态,挖掘其他各区的建设潜力;在项目规模的分配上,除了建邺区的莲花村项目(建筑面积 85.6 万平方米)以外,建筑面积基本控制在 20 万～40 万平方米,如新尧新城地块(建筑面积 20 万平方米)、古雄板桥路西(建筑面积 30 万平方米)、翁家营地块(建筑面积 18 万平方米)、沧波门东片(建筑面积 15 万平方米)等等。

由此可见,南京的经济适用房建设日趋成熟,实现了建设项目由少到多、建设规模由大到小、建设方式由集中向分散的理性转变。

5.3 快速城市化进程中的现实困境

5.3.1 城市化发展对保障性住房建设的影响

(1)城市扩张与更新带来的拆迁安置问题

随着城市人口的迅猛增长和城市地域空间的急剧扩张,城市周边的大量农民也因建

设失去土地而被卷入城市。大规模的征地热、开发区热、圈地热等又使被动城市化愈演愈烈,被动城市化开始以前所未有的规模和速度推进。近郊农民本居住于自有集体土地住宅,随着集体土地转换成城市建设用地,他们失去了原有居住和生产的土地。

南京的城市空间在2000年后迅速地扩张,不仅大量的老城区周边用地转变为城市建设用地,政府还大力建设了主城区以外的江宁、仙林、浦口三个新城区以及河西城市副中心。与此同时,南京进行了行政区划的调整,逐步由六城区(玄武、白下、秦淮、建邺、鼓楼、下关)、四郊区(雨花台、栖霞、浦口、大厂)、五县的区划格局调整为十一个区(玄武、秦淮、建邺、鼓楼、浦口、栖霞、雨花台、江宁、六合、溧水、高淳);市区面积由1999年的1 025.73平方公里,增加到2013年的6 597平方公里(图5-8)。南京市城市空间的扩展引起大量农民的被动城市化,这些农民被依法征用土地而不得不转为城

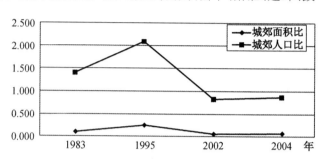

图5-8　南京市城区与郊区的对比变化情况

资料来源:南京市统计年鉴

市人口,这同时带来大量的拆迁安置问题。据南京市房产局材料显示,建成的保障性住房中,近年来南京市经济适用住房主要供应给了拆迁户,特别是集体土地上的拆迁户。具体而言,80%是拆迁户,其余为低保户、残疾人士、两劳释放人员等。2000年后,南京的城市更新和建设呈现不断加速的态势,这体现在城市违章建筑拆除、城市基础设施建设导致的拆迁、城市旧居民区更新等多个方面。随着城市建设的迅速推进,主城区土地性质的置换(很多年代久远的居住区被拆迁),土地性质由居住用地向商业、文化、体育等用地转换。2004年南京市累计拆违达209万平方米,2005年拆违工作因十运会的举办和其他原因力度有所下降,而2006年的拆违工作力度更大,拆违总量在300万平方米以上。老城区住宅小区更新项目很少采用老居民回迁的方式,往往采用经济补偿或者异地安置的方式。在这样一个过程中,各个收入阶层的居住地选择权利有着明显的区分:高收入阶层凭借其经济实力完全可以自由选择居住地点,改善了他们的居住质量,而中低收入人群则完全被这种城市发展的过滤过程所打败,被动地接受有限的选择。另外,原本居住于各种违章建筑中的低收入人群,包括大量的外来流动人口,其临时或长期居所在拆违中被清除。由此产生了大量的居住需求,其中以低收入人群的居住需求最为集中。

(2)城市空间结构调整引发保障性住房用地瓶颈

自改革开放以来,南京主城区是城市人口聚集最多的区域,1978年人口为113万,城市建设用地97.5平方公里,1990年人口为181万人,城市建设用地139平方公里,2000年主城区在册人口已达210万。然而,根据第五次全国人口普查结果,主城区实际居住人口(居住一年以上人口)为258万人,城市建设用地167平方公里,实际人均城市建设用地约为64.7平方米/人,人地矛盾日益突出。其原因则在于旧城改造较快,以占主城不到三分之一的建设用地,容纳了主城60%的人口、67%的就业岗位、近一半的公共设施用地和近一半的商业服务用地。南京市土地出让以郊区和新城为主,总体计算后的土地价格依然飞速上涨,也就是说即使新开发的住宅区的所在位置较以往更加偏远,土地成本依然较以往的开发项目要高很多。新城区和郊区的大力开发并未拉低房价,房价反而越来越高。更何况利用主城中心的稀缺土地资源进行的住宅项目呢?

在经济利益的驱动下,政府往往从价值最大化出发,把配套完善、位置优越的地段土地集中招拍挂,而经济适用房和廉租房建设出于成本考虑大多集中在比较偏远的新城区和城郊结合处,并且成片修建。旧城产业和人口过于集聚,新区建设相对滞后和分散;东、西、南、北四个方向全面出击,没有形成新区建设的整体集聚效应。居民在入住后,日常工作生活仍然无法脱离对旧城的依赖;加上公共设施配套衔接不上,居民生活极为不便,低收入阶层的生活成本增加。随着中心区可发展用地越来越少,保障性住房用地矛盾日益凸现。如要改善这种情况,只有在城市建设中主动进行空间结构调整,通过功能调整和新区建设形成多中心、组团式的用地布局,加大基础设施投入力度,重视公共设施建设等,在多种力量的综合作用下为保障性住房的建设发展提供综合环境更优的空间载体。

（3）快速的城市化发展提出更多住房保障需求

南京的户籍人口从 2003 年以来保持稳定的增长,2003 年为 572.23 万人,之后以每年大约 10 万人的速度增长,2004 年为 583.60 万人,2005 年为 595.80 万人,2006 年为607.23 万人。2007 年后,增长放缓至每年 5 万人左右的速度,2009 年户籍人口达到629.77 万人。[①] 这种持续增长的势头呈现出两个特点:一是户籍农业人口逐步向户籍城市人口转移。城市总人口的增长主要集中在城市户籍人口的较快增长上,农村户籍人口则以较快的速度减少。城市化的快速推进,城市区划的调整,将大量的农业用地转变为城市建设用地,一部分农业人口通过这种被动的方式城市化,这是农业人口迅速减少的主要原因。失地农民结束了一直以来的农耕、养殖工作,在成为城市人口的同时成为了失业人口。二是外来人口的增长速度高于城市户籍人口。进入 1990 年代中后期,南京市流入的外来人口呈直线上升的趋势。2016 年南京市常住人口 827.00 万人,比 2003 年末户籍人口(572.23 万人)多 254.77 万人,常住人口的增加量高于户籍人口的增加量,这主要是人口流动日益频繁的结果。

随着城市化的水平不断上升,南京都市圈的城市化水平已经由 2005 年的约 50% 提高到 2013 年的 80.23%,城镇人口由原来的 270 万人左右增加到 390 万～400 万人。假设 100 万城镇人口相当于 30 万户家庭,这意味着,如果每户住宅面积为 100 平方米,那么则有 3 000 万平方米住宅的潜在需求。另外,人均居住标准上升,南京市目前的人均住房建筑面积已经达到 36.5 平方米的水平,如果将这几年人口数量的变动以及住房成套率、住房老化等因素排除在外,南京市住房面积缺口就超过 6 000 万平方米,这相当于现有家庭住房面积的 45% 以上。从这些数字中,我们不难算出在未来时期里城市的压力。如何增强城市的适居性,快速的城市化发展对保障性住房建设提出了更多的需求。

5.3.2　城市居住弱势群体的构成和产生因素

南京市的城市更新和建设从 2000 年后呈不断加速的态势,这体现在城市违章建筑拆除、城市基础设施建设导致的拆迁、城市旧居民区更新等多个方面。随着城市建设的迅速推进,产生了大量的居住需求,而低收入人群的居住需求最为集中。在当前快速城市化的背景之下,南京的居住问题主要集中在以下几类人群:

（1）产业结构调整产生的新城市贫困阶层

近年来,南京市充分发挥江港优势,调整了传统制造业,加快城市基础设施及石化、电子、汽车等先进制造业和现代服务业的发展速度,使产业结构不断得到优化,三产比重

---

① 据南京统计局网站(http://www.njtj.gov.cn/)数据整理。

由 1978 年的 12.5：67.5：20 调整为 2014 年的 2.65：43.95：53.40。随着城乡人口迁移流动而发生的人口经济活动的转变，三产人员结构也得到改善，从事第一产业人口比重不断缩减，产业结构重心调整到第二、第三产业，大量流动人口充实到第三产业中。由于新兴产业大多是资本和技术密集型的，它们对低技能工人的需求相当有限。这种由于产业结构变动引起的劳动力需求变动，产生了两个结果：一是新兴产业部门与传统产业部门职工收入差距加大，并直接体现在传统产业部门的许多职工和离退休人员陷入相对贫困状态。二是大量低技能的简单劳动，由传统产业部门中转移出来，同时又很难进入新兴产业部门，从而形成当前城市庞大的失业、下岗人群，这群人成为转型时期城市新贫困阶层的主体。具体到南京，产业结构的调整成为失业人员增加的根本原因。进入 20世纪 90 年代，南京市的产业结构开始从原材料工业向机械、电子行业为主的产业结构转变，轻工业和纺织业也经历着转型。

另外，由于有大量的国有企业部署在南京，自 20 世纪 90 年代后期国有企业改革以来，南京国有企业、集体企业的下岗职工一直保持在 20 万人以上；同时，政府机构改革使本来就比较严峻的就业市场雪上加霜，就业难度进一步加大。政府虽然采取了一系列措施来解决下岗职工再就业问题，但再就业工程效果并不尽如人意。南京市的调查发现，只有半数不到的人实现了再就业，绝大部分下岗职工成为事实上的失业人员，没有稳定的收入来源，从而陷入贫困。

（2）被动城市化的近郊失地农民

南京市城市空间扩展引起大量农民的被动城市化。农民失去土地，意味着失去了在原有土地上的就业权，自己及其家庭主要的收入来源从传统的农业收入转换成为非农业经济活动收入，这对于已经习惯传统农业生产经营的农民来说，无疑在收入方面将面临更大的市场风险和不确定性，而这种收入上的风险是现实存在的。失地农民由于文化素质和劳动技能较低，在城市中只能从事低声望、低技术含量和低社会参与的职业，随着城市失业人口的增加和劳动力市场竞争的日益激烈，他们的就业收入实际上是极其不稳定的；2006 年，全国新增劳动力 1 700 多万，全国城市需安排就业的劳动力总量约为 2 500 万，而实际仅能安排 1 100 万人，劳动力总量供给远远大于需求，失业难以避免。[①]在这种劳动力供大于求的就业市场下，被动城市化的农民就成为了最先受到失业威胁的人群。

另一方面，失地农民进入城市之后，生活消费方式发生巨大的变化，由过去传统的自给自足的生活消费方式转变为以市场经济中商品消费为主的方式，其生活水平与收入之间的相关性大大加强了，对货币工资的依赖性也大大增强了，因此一旦没有就业机会和工资收入，其生活就会难以为继。南京市在对农村土地征用、房屋拆迁时，往往采用一次性补偿的方式，给付农民一部分拆迁补偿费用，或者提供经济适用房，作为补偿。以往务农，至少可以通过耕作养殖保障自我的最基本需求，失去土地后这种保障就彻底丧失了。

（3）城市新增人口中的中低收入者

城市新增人口中的中低收入者包括年轻产业工人、服务人员等，由于他们收入较低，没有什么积累，因此在相当一定阶段内都无法购买价格高昂的商品住房。值得一提的是，2014 年南京市净迁入人口比 2013 年多出 29.31%，考虑到南京是我国高校最集中的城市之一，这一部分迁入迁出人口中的很大部分人口为高校的新生和毕业生。统计数据表明，每年留在南京就业的本地高校毕业生就有 5 万多人，加之来自南京地区以外高校

---

① 李军.中国城市反贫困论纲[M].北京：经济科学出版社，2004：111-113.

的 2 万多名毕业生[1],也就是说每年有 7 万～8 万的大学生毕业在宁工作。[2] 这部分大学毕业生在毕业后首先面临的就是居住问题。假如按照人均 30 平方米的居住建筑面积计算,无论买房还是租房,这部分人口每年的住宅需求量就超过了 100 万平方米。如果加上本地生源学生同样的新增居住需求,即使考虑到部分人仍旧和父母共同居住生活,每年的住房需求量也会在 150 万平方米以上。显然,大学毕业生很难和低收入人群联系起来,但是他们却毫无疑问地成为了居住困难群体。这部分人口不仅基本上没人可以"享受"福利分房,而且买得起房地产市场提供的商品住房的也只是其中极少数。

(4) 低文化素质和缺乏技能的外来群体

南京周边地区——安徽、河南、苏北等广大地区农村的经济整体发展缓慢,城市和农村的收入差距在不断加大,农村的剩余劳动力不断向外转移。由于文化程度普遍不高,职业层次偏低,外来群体大多从事务工、服务、务农、建筑安装等劳务工作,而收入较低且没有城市户籍,难以购买住房,主要以租赁住房为主,居住水平很差。例如,目前南京市家政服务业的进城务工人员主要来自南京周边地区和江苏各地农村,其解决居住问题的主要方式是集体租房;人均居住面积小,超过 1/4 的务工人员的人均居住面积在 5 平方米以下,1/3 的务工人员人均居住面积在 5～10 平方米,远远低于南京市人均 15 平方米的居住困难户标准,并且配套设施严重缺乏。而这部分外来人口的住房保障问题目前还没有进入城市政府的视线。

值得注意的是,近年来出现外来人口在南京滞留时间不断延长的趋势,很多外来务工人员由最初单身来宁打工,逐步发展到整个家庭来宁定居。首先,经过工作的积累逐步改善工作条件,提高收入水平,能够负担整个家庭到大城市生活。在收入允许的条件下,以家庭为单位来宁打工的外来人口比例不断增加。其次,随着在城市工作时间的积累,大部分的外来人口逐步地产生认同感,越来越多的外来人口希望能够在城市中生活下去。另外,虽然南京未能如深圳发展起来大规模劳动力密集型产业,城市经济的快速发展也提供了大量的低技术就业机会。这些就业机会大量分布于服务业,为女性外来人口提供了就业岗位。1996 年南京市的暂住人口统计显示,男性为 72.4%,女性为27.6%;2002 年这一数值则改变为男性 64.9%,女性 35.1%。[3] 可以认为,南京的经济发展模式决定了在城区内就业的外来人口中女性的比例会不断增加,同时也保证了大量的外来人口以家庭模式来宁工作、生活。然而,由于身份的限制,其在居住、生活、子女就学等方面将会付出巨大代价,种种状况造成农民工成为一个工作和生活很不稳定的城市边缘群体,一个只能以最艰辛的劳动获取最简朴的生活的群体,一个由于身份限制而在城市里处处受到冷遇的群体,最终极易使得农民群体中有相当一部分人沦为新的城市贫困者。

5.3.3 城市居住弱势群体的主要聚居空间及特征

对于以贫困人口为代表的城市弱势群体的聚居空间,国内很多研究者从实证调研、社会空间分布、居住空间分异等方面进行了大量研究。北京社会科学院对具有环境脏乱差、市政基础设施不足、危旧平房集中、居民整体文化素质不高、居民总体收入偏低等特

---

① 俞巧云.南京配套就业机制吸引高校毕业生[N].新华日报,2015-04-05.
② 南京为了吸引人才,对大学毕业生采取了很宽松的户籍管理制度。学生毕业后在宁工作,无论就业单位规模,均可将户口落在各区的人才市场。
③ 董淑芬,殷京生.城市新移民——南京市流动人口研究报告[M].南京:南京大学出版社,2003:6.

征的"城市角落"进行调查,指出旧城历史街区、老旧居民区、城中村、厂中村等地段成为居住弱势群体的主要聚居区域。[1]

(1)南京城市居住弱势群体的主要聚居空间

调查发现,在整个城市空间尺度上,城市居住弱势群体作为一个整体,其空间分布具有一定的规律性,表现为这一阶层主要集中于城郊结合部。除了位于主城边缘的经济适用房和廉租房小区外,南京市的低收入人群多居住于主城区内尚未更新改造的老旧社区之内,比较典型的例如箍桶巷、能仁里、颜料坊等处,还包括了七八十年代和90年代早期建造的以单位公房社区为主的居住区,如南秀村、五塘村等。这些单位公房社区按照当时的国家标准建造,已经难以达到现今的居住要求,大量的城市和外来流动人口租住于此,也成了低收入人群的聚居地。其中城市户籍贫困人口多分布在一些早期建设的居民小区内(主要是一些职工集中居住区);而农村户籍贫困人口则主要居住在一些"城中村"中,且近年来开始出现向城市户籍贫困人口居住地区集聚的趋势。另外,还有相当一部分贫困人口居住在旧城的衰退地区。吴启焰等根据南京市1992年以来201片已销售的商业居住小区以及老居住区调查结果进行聚类分析,划分出六类居住空间,指出城市低收入阶层主要集中于郊区或市区危旧房内,而农民工阶层则租住郊区农房、多人合租城市边缘区危旧房或安身于建筑工地或自行营造棚户(吴启焰,2001)。

(2)城市居住弱势群体主要聚居空间的特征

城市是永恒变动、不断调整的;城市空间也是不断地在流动的。而这种流动的过程被描述为:浓缩、离散、集中、分散、隔离、侵入、接替。[2] 这些过程在南京市低收入人群居住空间的分异过程中都有清晰的体现。纵观南京市城市空间发展历史,考察南京市低收入人群的居住分异状况,可以看到以下一些特征:

A. 清晰化——由相对混杂转化为清晰分离

以往在普遍贫困的状况下,并没有什么本质上的收入层次的划分,自然谈不上依据收入决定的城市空间分异的发生。城市空间分异则更多地体现为各个企事业单位之间的城市空间分布。改革开放以来,随着南京市的经济发展,市民之间的收入差距迅速扩大,南京市的基尼系数不断增大,低收入、中等收入和高收入群体的收入差距迅速拉大,从人群划分上,低收入群体明确的形成,这也成为了低收入人群城市居住空间不断清晰化的先决条件。

与此同时,随着老城区的更新改造,很多老旧居住区被新的开发项目所代替,原有的住户或主动、或被动地改变了居住地点。南京的旧城改造在1990年前后发生了很大的改变。此前的旧区改造多以单位为主体,以解决职工居住要求为主要目标,大部分的原住居民在城市更新后回迁。如丹凤街一带的改造,以南京市邮电部门为主体进行拆旧建新,新建住房中80%提供给原有居民回迁,剩余的20%中也大多分配给邮电部门的职工居住,流向市场的屈指可数。90年后,城市改造的主体已经逐步的转换为追求市场利润为目标的开发公司。

B. 绵延化——由点状分布转化为带状分布

低收入人群和中高收入人群的居住空间在逐步分化与隔离的同时,自身也发生着特征鲜明的集聚现象。低收入人群的居住空间由于其经济价值低下,在市场的推动之下,向南京市城市土地相对低价的区域集中。老旧社区在不断的改造更新过程中逐步消失,

---

① 焦怡雪.城市居住弱势群体住房保障的规划问题研究[R].北京:北京大学环境学院,2007.
② 康少邦,张宁.城市社会学[M].杭州:浙江人民出版社,1986:94.

低收入的动迁人口大多迁移到经济适用房中居住。南京市的经济适用房在长江以南部分多分布在绕城高速沿线,距离绕城公路在三公里距离内的住区达到了全部的 60% 以上,形成了明显的经济适用房建设带。经济适用房首尾相接,绵延成带,改变了以往低收入社区成点状分布于老城区各个角落的状况。

由于土地的有偿使用,城市土地表现出"距离衰减"规律:离城市中心越远,土地价值越低。土地的价格如果简单地按照距离加以评价,必然会形成清晰的圈层结构。城市空间的生长也就是以"摊大饼"的方式一圈圈地向外围扩张。为了避免这种状况,疏散老城区人口压力,南京在总体规划中明确提出建设新城区,采用蛙跳的方式,大力建设了江宁、仙林和浦口三个新城区和河西城市副中心。然而无论是江宁还是仙林、河西,其中心区域的土地价值都随着新城区的开发成熟、地铁等配套设施的规划和建成水涨船高。位于主城和新城之间的主城边缘地段依然是土地价值最为低下的。简单地按照房地产市场所体现出的价值杠杆,低收入人群的居住空间在新城区靠近中心区域也依然无立足之地。可以这样说,新城区的建设疏散了一部分主城区中、高收入人群,他们分别购买了新城区的中档商品房和别墅类高档物业。而对于低收入人群则疏散(或过滤)至新城和主城的结合部位,绕城公路沿线。

C. 被动化——居住选择权利的缺失

按照理想的城市空间分异模型,社会各个阶层根据自身的经济状况和日常社会活动和需求,选择自己的居住地点:不同的社会群体居住在不同的区域,反映了流动人口家庭通过不断的就业、择居行为来实现家庭或个人的居住需求。不断择居、就业的结果使得具有相似居住要求的社会群体聚居在一起,在特定地段形成收入水平与社会结构相对一致的居住社区。而社会构成不同的居住群体则彼此分离,导致城市社会空间分异。不同的居住区域类型往往依据一定规律组合在一起,形成特有的居住空间结构模式。当居住区位与住宅本身具有一定的可替代性时,一定收入水平的住户居住选择通常是通过对选择居住区位尽量使住宅消费支出效用最大化。住户权衡的主要对象是每日往返工作地的通勤费用和由城市级差地价造成的不同区位的房屋价格。

社会阶层的划分同样代表了对社会资源的占据能力,高收入阶层极大地占据了社会资源,具有很强的择居能力;与之相反,低收入人群基本上不具备择居能力,或者其择居的能力非常有限。按照理想的城市空间分异模型,低收入人群可以在居住品质和居住区位之间进行权衡,加以选择,然而事实情况也并非如此。南京市对于低收入人群的住房拆迁补偿和住房保障多采用实物配给的方式,指定保障或补偿住房,低收入人群没有挑选的余地。同时,经济适用性住房在五年内不能上市交易,交易的过程也要补交土地款。如此的政策限制导致低收入人群基本上丧失了择居的能力,根据就业地点和日常通勤交通便利程度权衡居住地点的择居行为只存在于理论之上。

D. 重叠化——低收入户籍人口和外来人口居住空间重叠

流动人口在城市地域的分布来看,大致可分为三类。第一类为聚居型,即流动人口集中于火车站周边、城市边缘专业市场集中的城郊结合部。这些地区往往具有交通便捷、房源充足、房租低廉等有利于流动人口生存的条件,如南京的所街村以及靠近火车站以做小生意的流动人口为主的沈阳村等。第二类为散居型,该类流动人口分散于城市之中,工作时间规律性强,大多为宾馆、饭店、商业设施等城市公共服务设施的服务人员以及从事保安、保姆等职业的流动人口。第三类为迁居型,该类流动人口居住地与城市房源情况、城市区位以及房屋租金高低没有联系,而是随着工作场所的改变而随时迁移,如居住地相对固定的建筑工人。

对开发利润的执着使得房地产开发企业尽力搜寻那些动拆迁成本低的地块,这些地块成为城市更新中的"热点",那些建筑密集、拆迁量大、更新改造成本高的地块,常常是危旧房屋密集地区,这些地区居民更新改造的愿望最为迫切,却少人问津。

近年来,随着南京市城市建设用地的扩张,在以往的城市近郊区,以城市郊区村落演变而来的边缘型社区不断出现。这些城市边缘型社区往往以农村自建房为主,随着城市建设用地的范围增加,融入了城市之中,居住环境恶劣,配套设施缺乏,吸纳了大量的外来务工人员,成为了非正式的城市居住社区——城中村。比较典型的如火车站北侧的沈阳村等。南京的城中村问题虽然不像广州、深圳等城市那样突出,但也反映出城市在近十年来的快速生长及其带来的结构性问题。随着对城中村的拆迁改造,这些区域或成为中高档的居住开发项目用地,或用以建设城市基础设施(如沈阳村位置已经实现南京火车站扩建工程),南京的城中村也正逐步地向不断拓展的城市边缘转移。

(3)快速城市化发展加剧居住空间分异现象

城市居住空间分异的现象是在多种机制作用下形成的,包括转型期社会阶层分化、城市功能结构转变、市场经济和住宅自有化的发展、流动人口涌入、居民自主择居行为等多种因素的影响。但不可否认的是,由于保障性住房的主要供应对象是城市的低收入群体,建设方式的选择会对不同收入群体的居住空间分布带来影响。在城市的某些地方划出特定区域集中建设保障性住房从表面看,便于操作实施,另一方面集中建设的方式会加剧低收入群体的空间聚集现象,强化不同社会阶层在空间上的分化。[1] 例如,上海外环线附近的政府重大工程动拆迁中低价拆迁商品安置房基地已经成为低收入群体居住的主要区域之一(图5-9)。[2]

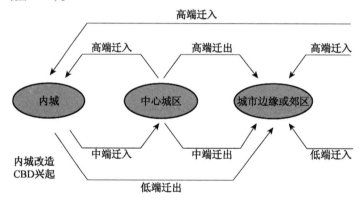

图5-9 城市高、中、低收入人群迁移分析

资料来源:作者根据吴启焰《大城市居住空间分异研究的理论与实践》整理绘制

由于受到地价、利润限制、开发升值预期等因素的影响,集中兴建的经济适用房大多选址于城市边缘地区。经济适用房的供应对象是城市中低收入群体,受到经济条件限制的他们对公共交通的依赖性很大。虽然在主要公共交通走廊沿线安排经济适用房已成为普遍的做法,但由于经济适用房大部分选址于城市边缘地区,而且城市大多数就业岗位仍集中于城市内部,造成普遍通勤路途时间较长、通勤成本增加、通勤满意度下降。在

① 张越.城市化背景下的住宅空间分异研究——以南京市为例[D].南京:南京大学,2004.
② 杨上广.中国大城市社会空间的演化[M].上海:华东理工大学出版社,2006:30.

南京,城市边缘区和内城区已成为居住分异最显著的反差区。[①] 与城市内部相比较,城市边缘地区就业岗位相对较少,各项配套服务设施不完善,社会文化生活贫乏,属于质量较差的城市空间资源,对于中低收入群体而言,无异于使其本已处于弱势地位的社会资源占有量进一步下降。杨上广和王春兰通过研究指出上海在大规模住宅建设、旧城改造和随之出现的居民梯形消费搬迁三方面共同作用下,不同阶层居住的空间分异趋向逐渐表现出来,正逐步形成居住空间重构与分异的演变格局。[②]

5.3.4 保障性住房建设对城市发展的影响

居住是城市的重要功能,并成为一种显而易见的社会推动力,改变人们的居住状况,改变城市面貌,居住也改变自我、社会认同、社会关系。[③] 保障性住房作为居住建设的一个主要部分,对城市发展产生不可忽视的影响。良好的城市保障性住房建设,可形成对城市大量中低收入人口的拉力,推动城市化的进程;反之,低劣的保障性住房建设会成为城市发展的阻力。

(1) 对城市经济发展的影响

保障性住房通过利用自身容纳的大量中低收入人群,为社会提供丰富的劳动力资源。那么,如果针对居住群体的这种特点,就近建立一些劳动密集型产业,实现资源利用最大化而达到双赢。保障性住房开发建设的同时,需要创造各种条件以增加就业岗位,必然会对第三产业的配套提出更高的要求,从而带动第三产业发展,改善第三产业内部结构。大量就业岗位的创造,吸纳传统工业中的剩余劳动力,实现劳动力的再次优化组合。在高科技产业迅速发展的压力下,一些功能单一或以传统工业为基础的城市逐渐出现生产过剩、成本过高,大量工人失业的"结构危机",城市发展停滞或倒退。此时,保障性住房的建设成为调整城市产业结构、复苏城市经济、增加就业的一条出路,社区管理、物业服务的出现也可为当地提供大量直接或间接的工作岗位。[④]

然而,由于中低收入人群向城市外围的移动,带来出行时间的增加和工作时间的缩短,城市将需要更多的人口来满足工作岗位要求,或者放弃雇用低收入人群。前者将增加公交系统运送压力或增加中低收入人群数量、就业率下降,后者将使劳动力成本提高。不论哪种选择,都会增加城市成本,不利于城市发展。对于低收入人群来说,居住地远离工作地会使工作机会减少,交通出行成本增加,可支配收入降低。据调查,南京市仅有19.1%的人对经济适用房的位置感到满意;有46.9%的人认为位置太远,会给自己的工作、生活带来很大的不便;其余的人由于位置过于偏远的原因则干脆不考虑购买经济适用房。基于这个问题对人们居住的生活质量带来的巨大影响,致使政府为中、低收入家庭解决住房困难的初衷难以很好的体现。可见,社会保障性住房大量聚集在郊区,劳动者交通时间增加,将有损于城市与中低收入人群双方面的经济利益。[⑤]

(2) 对城市交通发展的影响

从近几年的实践来看,南京市的保障性住房(以经济适用房为主)大多建设在城市建成区的边缘甚至外围,通常在城市的城郊结合部。例如南湾营(二、三期)、摄山星城(三

① 吴启焰. 大城市居住空间分异研究的理论与实践[M]. 北京:科学出版社,2001:65.
② 杨上广,王春兰. 上海城市居住空间分异的社会学研究[J]. 社会,2006(6):21.
③ 唐晓岚. 城市居住分化现象研究——对南京城市居住社区的社会学分析[M]. 南京:东南大学出版社,2007:43.
④ 张鹏. 城市大型经济适用居住区规划选址问题研究——以西安大型经济适用居住区为例[D]. 西安:西安建筑科技大学,2006.
⑤ 王瑞林. 杭州城市中、低收入家庭住房空间布点研究[D]. 杭州:浙江大学建筑工程学院,2008.

期)等大型保障性住房小区,规模大而且居住人口多,交付使用后将产生很大的人流量。这种空间格局意味着,当大量中低收入人群向城市外围迁移时,可以为城市中心的高地价、高房价腾出空间。那么,对于整个城市而言,大量的就业机会仍然集中在城市中心地区;在城市的外围,尤其是集中的居住地区,不可能创造出很多的工作岗位。当大量的中低收入人群集中到城郊居住,更加遏制了这些地区新创设就业机会的可能。因此,除少部分人有可能在住宅附近或邻近地区获得就业机会,绝大多数人则很显然需要回到市中心去就业,而他们如果想要获得更好的就业机会也必须回到市中心来,由此对城市交通产生一系列连锁效应。

第一,交通量将大幅上升。一般来说,对于中低收入人群而言,就近居住和就近工作是其最佳的模式,依靠步行、自行车或公共交通是其最主要的外出方式。根据相关调查统计,中低收入者,在经过一段时间的调整适应后,其居住地和就业地之间的距离不会太长。当外界的力量强行把这些中低收入人群迁移到城郊结合处时,出行距离就会大幅度增加。同时,由于城郊结合部的配套服务设施往往相对比较欠缺或滞后,极大地增加了居民的出行次数,而在这种情况下,步行和自行车往往难以适应远离市中心的交通需求,公共交通成为主要的出行工具。大幅增加的城市出行距离和出行时间,带来城市整体交通量的增加。与此同时,当保障性住房集中建设在城市郊区时,不仅加剧了城市中心地区的交通量,而且也导致了交通拥堵的向外扩散。另外,还会产生一种严重的钟摆式的交通现象,交通运输高峰时段与非高峰时段客流量差异较大(尤其是上下班时间)给城市交通运输造成了巨大的压力。

第二,由于中低收入家庭的出行工具主要是公共交通,市中心的公共交通网络比较完善,城郊结合部则相对线路单一、车次少以及服务标准低,这些都会大大降低居民的出行方便度。以位于南京东北部的摄山星城为例,迄今为止已经入住5 700多户、17 000多人,住区及周边地区共有9条公交线路,只有1条为市区线,其余为郊区线,9条线路都不通往市中心和大型公交枢纽站,居民上下班平均所需交通时间为2~3小时。这里所谓的服务标准低,主要是指由于线路少,其班次就不会太密集,与市中心多线路交织的地区相比较班次间隔就长,尤其是在非高峰时间。然而,中低收入群体可选择的出行工具有限,而收入较高群体有更多的出行方式可以选择。进行对比可以发现,这里存在一个严重的错位:直接依赖公共交通的居民集中的地方往往是公共交通相对较弱的地区,而并不需要依赖公共交通的居民集中的地区往往却是公共交通配置较高的地区。

(3)对城市环境发展的影响

保障性住房在开发建设的过程中,将会对城市物质、文化空间环境产生很大影响。对城市物质空间环境的影响主要通过以下两个方面来实现:一是经济适用居住区自身的物质环境建设,在城区边缘或内部塑造一个环境优美、设计出众的新社区,通过改变土地利用方式和创造新的城市空间来局部改变城市面貌。如果保障性住房建造品质不高,对城市形象在一定程度上有所破坏以及建成的住房中社会环境的贫乏等问题都对城市环境产生着一定的负面影响,不利于城市和谐发展。通过对南京已经交付使用的经济适用房小区摄山星城、百水芊城实地调查发现,经济适用房存在着建筑设计陈旧、建筑建造质量略显粗糙、住区景观塑造简陋的现象,导致整个住宅小区的品质降低,不利于塑造整体城市环境。其二是通过对传统产业的改造,逐步实现城区用地由传统工业向第三产业的转化。这是与整个城市产业结构升级相伴随的物质空间环境的调整,它通过各个工厂、企业小规模用地、由点到面地向第三产业转化,逐步改善城市的物质空间环境,改善城市的形态和功能。

在城市文化环境方面，崭新的保障性住房小区对其居住者也提出了较高文化素养的要求，服务行业和管理行业也逐步要求较高的文化知识，劳动生产率的提高、闲暇时间的增多是实现文化发展的前提。每年数以百万的保障性住房建设将对各个层面的文化产生影响，诸如市井文化、社区文化乃至城市文化。南京经济适用房的选址多为城市郊区，开发前为耕地或是绿化带。诸如摄山星城规划经济适用房 67 公顷用地、莲花村规划的 1 900 亩用地中，耕地或者绿化带占据了很大比例，用地的开发过程就是不断地蚕食城郊绿化带和耕地的过程，最终导致自然的乡村景观逐步被人造的建筑物所代替。不恰当的开发会使人们赖以生存的自然生态环境遭到不同程度的破坏，而且开发过程耗费大量的能源，产生大量的废弃物，进一步加重了城市大气环境的污染。调研发现，已经交付使用的诸多经济适用房居住小区没有关注传统文化和本土风格的保持，缺乏城市文化的延续，进而导致社区缺乏凝聚力。

（4）对城市社会稳定的影响

由于社会背景、历史原因等因素，中低收入人群不易与当地社会环境相融合。聚居区形成一定规模后与外部环境产生一定程度的相互隔离，并且隔离程度会随聚居区规模的增大而加强。有学者认为，低收入人群已形成了一个新的"社会空间"。在这个"空间"里，他们有不同于其他社会群体的生存方式、行为规则、关系网络乃至观念形态，这些要素在不断地被"再生产"。[1] 不熟悉城市生活的规则，因环境变化且难以了解而产生不安感，在试图融入城市社会的尝试中受到挫折等，上述情况在没有适当的引导或抒发时容易引起反社会恶性事件，影响社会稳定。当聚居地在城市中心范围时，由于聚居规模有限同时与外部社会环境相互交流较多，相对容易与城市社会相互融合，同时中心区管理力度大，产生社会问题较少。当聚居区移至城市外围时，充足的住房资源容易形成大规模的低收入家庭聚居区。在城市管理力度相应降低的情况下，这些与社会环境不同的"异质社区"，为违法犯罪活动提供了许多便利条件，往往成为罪犯的"窝藏点"与"滋生地"。高犯罪率与社区异质性进一步导致与社会环境的隔离，如此陷入一个恶性循环：收入低而无法负担房租—外迁并寻找社会认同形成聚居的"异质社区"—与城市社会交流减少管理力度降低—社区环境差犯罪率上升—受到城市社会歧视排挤更难与其融合—"异质"性增强。这种效应将在低收入人口特别是流动人口代际间延续，进一步恶化形成"乱而不败"的边缘化城市区域，给城市形象、社会治安带来负面影响。[2]

南京到目前为止还没有由于经济适用房布局而引起社会矛盾的案例发生，这种现象在国外却已有前车之鉴。二战之后，欧洲城市由于遭受战火的损毁，面临严重的房荒。为解决人民的居住问题，各国政府普遍推行大规模建造工业化住宅，并主要面向中低收入阶层租售的住房政策。很短的时间里，一大批低造价、简易型、高密度的住宅区在各城市拔地而起，较快地满足了群众的住房需求。很快人们发现，这种成片建造的廉价住宅不仅在城市景观上形成了单调乏味、简陋粗糙、缺乏绿色和艺术性的不良后果，而且带来预想不到的问题——由于居住在这些廉价住宅中的都是低收入者和中低收入者，高收入者和中高收入者的居住区则在规划布局、建筑设计、服务设施、生活环境等各个方面均大大优于前者，结果人为地形成不同收入阶层在空间上的分化与隔离，从而可能造成社会各阶层之间的对立和冲突，如 2005 年法国骚乱就是一个令人发指的案例。因此，在城市

---

① 项飚. 传统与新社会空间的生成——一个中国流动人口聚居区的历史[J]. 战略与管理，1996(6)：33-37.

② 朝阳检察院"未成年人犯罪审控组"2005 年 12 月 13 日发布了该组对未成年人犯罪做的调查结果："外来人口二代犯罪呈现出来京时间越短，犯罪率越高的趋势"。

重建与旧城更新过程中,应该避免大规模集中的建设模式,取而代之的是适应性更广泛的、面向社会各阶层的混合型的居住社区,以体现社会平等与和谐。

（5）对房地产市场发展的影响

随着经济发展,工业化和城市化的不断推进,城市需不断地向外扩张。城市的扩张主要有三种方式:建设新城(卫星城),"摊大饼"式蔓延,城市再开发。"摊大饼"是很多城市的发展和扩张所表现出来的一种常见现象。主要因为这种方式是城市扩张中最为经济的方法,城市为新开发区配套基础设施的平均成本最低。经济适用房一般建于郊区、土地价格相对便宜的区域,但它在短时间内可以在空间上集聚大量的人口。人口的繁多,增加了商业、零售业等各种第三产业的机会,各种商业设施和公建配套为此兴建,而迅速增值的土地吸引大量的地产开发商,结果又引发新一轮的建设。经过一系列的连锁反应,城市的扩张将在一定程度上倾斜于此方向。如南京城南春江新城居住区的开发,为旧城更新改造提供人口转移的空间,缓解城市中心区的居住压力,同时引导企业用地的外迁,拉动边缘地区房地产经济。

保障性住房是房地产市场的重要调节器。南京市保障性住房体系的不断完善对抑制投资增幅、防止经济过热等市场问题的解决起到了一定的积极作用。保障性住房的陆续上市,不但增加了楼市供应的总量,而且有望降低人们对楼市价格继续猛涨的预期,从而抑制房价涨幅。目前,当经济适用房的供应量占到整个房地产市场供应量的25%～30%时,对房地产市场的稳定作用很有效果。2009年,南京市政府出台了《关于支持自住和改善型住房消费,促进房地产市场平稳健康发展的意见》,主要内容概括为"三个保一个压和三个加强":保保障性住房、保自住型需求、保改善型需求;压投资和投机型需求;加强保障性住房建设、加强供需平衡、加强市场秩序规范。同年南京市经济适用房和中低价商品房的供应量约占整个市场供应量的30%,这对南京市房价的稳定起到了较好的调控作用。

6   保障性住房实证研究——以南京为例

南京市的保障性住房建设规模大、建设速度快,许多保障性住房项目从选址到规划、单体设计、建设施工的用时十分有限,导致规划设计难以全面考虑,仍然存在许多以待解决的问题。

6.1   现状调研

南京市保障性住房包括经济适用房、廉租住房和中低价商品住房。经济适用房是南京保障性住房建设的主体部分,也是本书实证调研的主要对象,而廉租房房源也主要来自经济适用房小区,(主要分布在恒盛嘉园、兴贤佳园、百水芊城、银龙花园、景明佳园和荷塘村项目以及西善花苑、摄山星城、龙潭江畔人家、南湾营、春江新城和银龙花园等各大经济适用住房小区),因此不再单独进行调研。调研选取尧林仙居、五福家园、芝嘉花园、兴贤佳园等多个经济适用房住区进行普遍性了解,考察其所在区位、周边及住区内部环境、住区的使用状况等,形成整体认识并以此作为先导性研究的基础。在普遍性调研的基础上,再选取景明佳园、春江新城、百水芊城、孙家洼、仙居雅苑等 5 个保障性住区进行重点调查,现场观察、发放问卷、入户调查相结合,得出相对深入的调研结论(图 6-1)。

图 6-1   重点调研住区样本

资料来源:作者绘制

6.1.1   居民构成特征

南京的经济适用房主要是解决拆迁人口的居住问题。拆迁补偿住房占到整个经济适用房总量的 90%,其中集体土地拆迁补偿住房占到 70%,城市土地拆迁补偿住房占到 20%,另外 10% 为城市低收入居住困难人口。这就导致在经济适用房的居民中,通过被动城市化,由农业人口转变为城市人口的城市近郊居民占了主要部分。经调查发现,经济适用房中的原有城市人口来源较散,多为老城中心城市更新、建设的拆迁人口(图 6-2、图 6-3)。

南京的经济适用房中存在着一定比例的出租房屋。拆迁人口未必是低收入或者居住困难人口,这部分人群可能不会去居住通过拆迁补偿的住房而是将其出租,而对于集

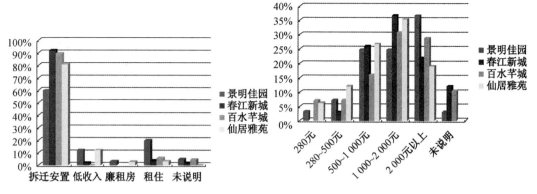

图 6-2　重点调研住区样本住户搬迁原因　　　图 6-3　重点调研住区样本住户收入情况

资料来源:作者根据调研资料绘制

体土地的失地人口而言,失去土地后,出租房屋也成了他们最为直接而又无奈的选择。以拆迁人口为主的居民构成决定了经济适用房住区的居民结构特征。

(1) 居民平均年龄大,老龄化严重

经济适用房的地理位置和交通状况决定其就业不便,一方面导致经济适用房的居民就业能力下降,另一方面促使在城中就业的居民另寻住所,而一些就业无望或退休人员则在经济适用房居住,老年人比例不断提升。老城区拆迁中,大量经济效益不好的企业的住宅区作为城市开发用地被拆迁,而这些住宅区的居民很多是企业下岗职工及其家属。对于近郊集体土地拆迁人口,随着经济的发展,在近郊集体土地的村落中已经普遍出现空心村现象(年轻人在城市工作,中老年人在农村务农)。经过近郊集体土地拆迁的过程被动城市化的人群也多以留守务农为主,因此集体土地拆迁人口的人口构成也是以中老年人为主。以春江新城为例,被调查家庭中 45～59 岁以上人口占到 35%,而 60 岁以上占到 26%。

图 6-4 反映出南京经济适用房住户的年龄和家庭结构。年龄老龄化、家庭空心化情况严重,同时受教育程度较低,工作的选择范围更小。这一现象在所有的经济适用房小区普遍存在,而以集体土地拆迁人口为主的住区则更为严重。在摄山星城,全部居民都是被动城市化的农业人口,小区位置偏远,居民反映的最大问题是就业问题。

(2) 家庭结构大,有多代同居普遍

通过调查发现,大量居住在经济适用房中家庭的家庭结构较大,两代、三代同居情况较多,春江新城调查对象中两代、三代同居的比例分别为 37% 和 42%,而百水芊城的这一比例则达到了 51% 和 43%。

然而,必须注意到对于拆迁人口来说,情况区别较大。集体土地拆迁人口的原有居住面积较大,一个家庭往往居住面积在 200 平方米以上,拆迁补偿的房子一般有两到三套,甚至更多。原有的主干家庭多分解为核心家庭,分开居住。对于经济条件较差的家庭则往往在一套住房中解决居住问题,将其他补偿的房子出租来补贴生活费。对于城市拆迁人口,如果原有住房位于老城区则普遍面积较小,得到的补偿性住房面积有限,一般家庭只获得一套经济适用房。

(3) 居民的受教育程度较低

通过调查发现,经济适用房居民的教育程度普遍偏低,初中或初中以下学历的居民占到一半或者更多,大专以上学历的居民比例很小。在调查对象中,景明佳园的居民受教育程度相对较高,初中及以下学历比例为 48%,大专以上学历 28%;其他住区的居民初中以下学历比例均在 66％以上,大专以上学历则在 10％以下。景明家园的居民中城市拆迁人口比例相对较高,决定其平均受教育水平较高,而以城郊集体土地拆迁人口为主的居民小区,其平均受教育程度较低(图 6-5)。

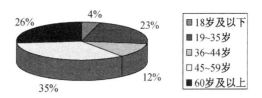

图 6-4　春江新城住户年龄构成

资料来源:作者根据调研资料绘制

（4）居民的平均收入低,失业情况严重

经济适用房小区的居民平均家庭收入较低,失业情况严重,家庭月收入多在 1 000～2 000 元之间。在被调查的住区中,仅景明佳园的居民收入超过 2 000 元的家庭比例达到了 37％,而其他多个小区的这一指标均低于 30％,其中以仙林大学城拆迁居民为主的仙居雅苑,居民的家庭收入超过 2 000 元的仅占到 19％。由此可见,经济适用房的居民以低收入家庭为主,原因在于就业率低、就业层次不高。经济适用房小区的居民多从事餐饮、销售等服务行业的工作,收入水平较低,工作不稳定,失业率很高(图 6-6)。

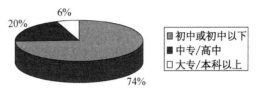

图 6-5　春江新城住户受教育程度

资料来源:作者根据调研资料绘制

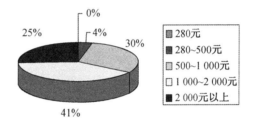

图 6-6　春江新城住户家庭月收入情况

资料来源:作者根据调研资料绘制

根据《南京市 2014 年劳动和社会保障事业发展统计公报》显示,全市城镇单位职工(不含私营、个体、村办、乡办)年平均工资达42 568元,比上年增长 8.8％,其中城镇非私营单位从业人员在岗职工年平均工资达67 102元,比上年增长 9.5％。南京市的平均家庭人口数为 2.75 人,就业人口为 1.90 人。按此指标计算,以上经济适用房的住户家庭收入大部分在全市家庭平均收入的一半以下。

通过对比可以发现,景明佳园无论在居民的教育程度、收入构成还是住房出租率上均高于其他住区,反映其城市拆迁人口比例较高,地理位置相对便利的特点。对于失去土地的被动城市化人口而言,拆迁补偿住房是他们向往而又无奈的选择。对于管理部门,对失地农民给予货币补偿还是住房补偿不能简单地仅仅从短期的经济或可操作性的方面加以考虑,要更多地考虑居民的就业、生活等多方面因素可以使其尽快融入社会,融入全新的城市生活。

6.1.2　交通出行状况

南京的经济适用房多分布在绕城公路一线,即位于主城区边缘,城乡结合部,即远离老城中心,又不靠近新城中心。随着城市化的发展,南京主城区已经基本上完成了退二进三的城市更新,主城区提供的就业机会以服务业为主。南京的工业则主要集中在城市外围地带,如江北的化工区、江宁的制造业基地等。对于经济适用房的居民,其拆迁导致的被动城市化的农业人口比例较高,城市人口中下岗人员比例较大,就业选择面相对狭窄。经济适用房的部分居民在经过简单的社区培训后,可以从事销售、保洁、家政、保安、园艺、餐饮等服务业工作。然而,这种类型的工作机会往往存在于主城区核心地段或高档居住区内。南京主城周边的工业园区多为研发、创意产业或资金、技术密集型的加工工业,缺乏劳动力密集型的工业区,这些工业企业所需劳动力的层次较高,难以提供大量的工作机会给缺乏教育、培训的低收入人群。从长三角乃至南京市的宏观经济发展历程来看,工业产业的升级正在迅速的进行。可以预知,未来该地区工业企业提供的低技能就业机会将越来越少。对于经济适用房住区的工作性出行,其起讫点主要应为经济适用住区至市中心或城市外围高档居住社区,其工作性质多为对文化层次和培训要求较低的服务行业(图6-7)。

经济适用房的居民因其收入较低,住往需要依赖公共交通实现出行(图6-8),居民出行困难表现在以下几个方面:

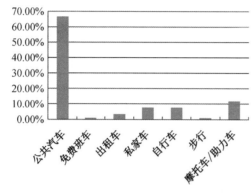
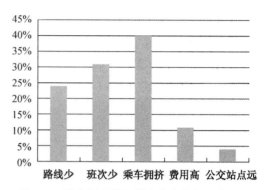

图6-7　重点调研住区样本住户出行主要交通方式　图6-8　重点调研住区样本住户出行困难原因

资料来源:作者根据调研资料绘制

(1)平均出行时间长、换乘次数多

各个经济适用房小区所处位置决定出行时间必然相对较长。出行时间由出行距离、换乘次数、出行速度等因素决定,而出行距离则由出行目的决定。出行目的可以归纳为工作、休闲购物、就医、上学、探亲访友等多种,日常的工作、上学、购物因其频率最高决定平均出行距离。通过调研发现,南京经济适用房的教育配套基本可以达到一般要求,日常的生活需求性购物设施也可以满足居民的要求,以就业为目的的出行成为决定平均出行距离的最重要因素。

另外,由于南京的各个经济适用房住区均距主城中心较远;住区规模大且较少邻近高档居住社区,居民的工作性出行距离均较远;加之交通速度较慢、换乘多、出行时间长(通过调研发现多数经济适用房居民的平均出行时长在一小时以上)。因此,平均出行时间长成为居民出行困难的显著特征之一。

(2)出行成本较高,舒适度较低,出行选择性小

南京市经济适用房居民的出行一般依赖公共交通,这样的出行成本仍然显得很高。据调查结果,春江新城的居民平均家庭收入在1 500元左右,其中低于1 000元的占30%。如日常工作出行须经过一次换乘,仅以最低开销计算,每日也至少需要四元,每月的交通费用相当于其个人月收入10%左右。

出行舒适度和出行时长、换乘次数有关,同时也与出行交通服务质量有很大的关系。百水芊城小区的居民反映其出行依赖的公交车班次少、服务时间短、十分拥挤。经济适用房住区位于主城区边缘,居民出行以公交车为主,公交车线路较少,夜间更是缺乏公交车服务,居民出行的可选择性较低。同时出租车很少,非法运营车辆则替代了出租车的功能,为经济适用房住区居民提供出行服务。这些"黑车"的运营必然带来一系列的安全、管理等方面的问题。

居民的出行困难带来了一系列问题,而这些问题直接导致了经济适用房及其居民的

种种困境,可以说出行困难是经济适用房整体状况不佳的最根本症结。出行困难带来的最为直接的结果是居民的就业状况不佳,通过调查笔者发现经济适用房住区内居民就业率很低。对于低收入人群而言,出行能力受收入限制本来就比较低,而出行困难必将进一步影响其就业能力,形成恶性循环。南京的经济适用房多分布在绕城公路沿线,出行普遍困难,这就进一步地加剧了这一部分弱势群体的困境。

6.1.3 公共配套

(1)区域配套设施

从宏观区位上来看,南京的经济适用房多位于主城区以外,围绕主城区呈环形布置,周边配套设施尚未开发完全,造成南京的经济适用房区域内配套不完善的整体现状。如百水芊城住区在 500 米服务半径内配套设施严重缺乏,配套设施集中在 1 000 米服务半径外,2 000 米半径内。金融银行、商业网点、医疗卫生、邮政电信、休闲娱乐配套设施距离均在百水芊城住区 2 000 米服务半径附近,造成住区内居民使用不便;而文化教育配套设施在 1 000 米范围内的只有一所,显然极度匮乏,无法满足正常使用。规模相当于居住区级小区的景明佳园,在各期之间均有城市道路,从小区主要出入口以 300 米步行舒适范围、1 000 米步行容忍极限范围,以及2 000米范围画圈可以看出:在 300 米舒适范围内并没有各项配套,大多数都在 1 000 米容忍范围圈外。由此可见,仅仅依靠区域内配套并不能满足小区的需求,需要通过小区内配套来完善(图 6-9)。

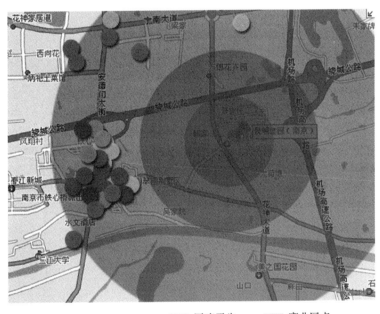

图例:
- 医疗卫生
- 文化教育
- 邮政电信
- 商业网点
- 休闲娱乐
- 金融银行

图 6-9 景明佳园区域配套示意

资料来源:作者根据调研资料绘制

(2)区内配套设施

根据问卷显示,除百水芊城以外,其他小区居民大部分还是对小区内各类配套设施表示满意。分析其原因,主要是因为本次选取调研的小区均是在 2003~2004 年交付(首期),经过一定时间的发展已较为成熟,因此配套设施比较完善。

调查分析表明,南京经济适用小区的区内商业配套设施相对完善。以景明佳园为例,该住区内的商业设施较为完善,多位于入口大道两侧以及后来加建的一期住区外的商业街,另外还有居民自发形成的连家店。入口大道两侧的商业种类较丰富,有超市、菜场、便利店、粮油店、照相馆、服装店、日杂店、洗衣店、浴室等。位于一期住区外的商业街经营的种类也较多。商业性质的连家店并不是很多,主要有服装店、日杂店、维修、中介等。在入口大道旁分布有酒店、网吧、台球俱乐部、棋牌室。在三期住区外的商业街内分布着许多小饭店。住区内仍有居民自发地将套型改造,形成了不少连家店的形态。而百水芊城则沿街形成商业带,商业类型包括大体量的超市、菜场,也包括小体量的商业门面房和住宅底层的连家店。除超市、菜场、社区医院等配套设置外,其他各种商业设施均为自发形成,以餐饮、日杂为主。相比而言,孙家洼的恒盛嘉园的商业配套则显得严重不足,住区内部的商业设施经营不善,占道经营的地摊、推车为居民提供了主要的商品供给。

住区内社会设施配套涉及金融邮电设施、文化教育、医疗等各个方面,基本上能满足居民日常生活需要,但许多配套设施并不完善,居民对此有所不满。从访谈中发现:小区内现有的医疗配套设施完全不能满足居民在急救、日常小病问诊、老年人疾病咨询等方面的需求。虽然基本上每个小区都配备了诊所药房等,但毕竟受到规模限制,医生以及设备的条件都不可能和大医院相比。居民们认为社区的小诊所只能看一些无关紧要的小病,如果自己生病还是会选择市区内的大医院。因而社区内的小型诊所只需要能够问诊日常小病、打针换药就可以了。由此可以看出,经济适用房住区难以通过建设医院的途径解决就医看病问题,而应该考虑加强其交通的便利程度的同时完善社区医疗服务。

邮局与银行也是经济适用房相对缺乏的配套设施。问卷结果表明,80%以上的居民认为该小区急需配置银行,超过一半的居民认为急需配置邮局。从问卷调查发现:居民子女选择在住区内和住区外接受教育的各占一半。而接送便利程度和教学质量是居民子女择校的主要原因。而住区内缺乏社区活动中心、老人活动中心、青少年活动中心等,文化设施匮乏,在和居民的访谈中也证实了这一点,由于离市区较远,有的居民还希望住区内能设置图书馆之类的文化设施。在子女入托上学方面,位于仙林地区的百水芊城和仙居雅苑这两个小区都非常不方便。四个小区都有配套的幼儿园或小学,但百水芊城和仙居雅苑的还没有开始使用。总的来讲,景明佳园与春江新城均地处城南,整体配套比仙林新区要完善(图6-10、图6-11、图6-12)。

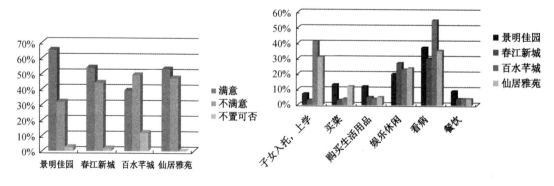

图6-10　重点调研住区样本住户区内
　　　　设施满意程度

图6-11　重点调研住区样本住户区内
　　　　感到不便之处

资料来源:作者根据调研资料绘制

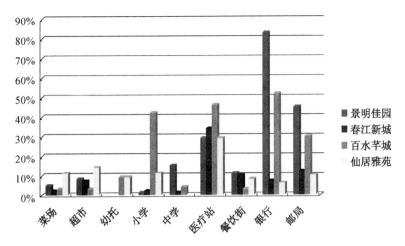

图 6-12　重点调研住区样本住户区内急需设置的配套设施情况

资料来源:作者根据调研资料绘制

6.1.4　住区环境

通过对选取的五个南京经济适用住区的调研数据的比较和分析,并结合现场调查的切身感受及访谈结果,笔者发现南京经济适用住区环境设施的配置并未能反映出居民的实际需求,二者存在信息不对称的现象。例如,商业、文化、娱乐不同功能的公共建筑设计成不同的单体,分散布置在中心绿地或街道转角空间、小区入口,各自为政,不成规模,不易形成规模效益;"以车为本"的外部空间环境设计,公共空间(公共建筑)和私人领域(住宅)截然分开,缺乏步行的有机的过渡,缺少风雨廊底层架空等方便于公共活动的空间;公共空间的量不足,不利于应付突发问题和活跃小区活力;居民需求都很高的遮阳设施、体育运动设施在住区中的配置情况均不理想等问题。

(1) 外部环境设计从形式而非功能出发

实际调查评价:在被调查的小区中,由于人们活动时间的不同,提供成年人交往、娱乐的硬质场地、室外平台或广场可与老年人跳舞、练气功、打太极拳等活动用的硬质铺装场地交叉使用。大部分的住区设有类似的场地,设置情况良好。以景明佳园为例,活动场地以中心广场为主,中心广场设置了座椅、休憩长廊、健身设施,居民使用频繁,多为小孩、老人。居民在此可以锻炼、聊天、休闲,是一个综合性的空间。而一些没有设置设施的场地的使用状况就很差,比如高层旁的某一硬质场地,由于没有任何活动设施,连一张座椅都没有,通过观察发现这一场地基本失去了供居民交流、休憩的功能,居民仅仅在其中穿越而已。可见,活动设施的设置对场地的使用状况有直接的影响。中心广场是供一二三期居民共同使用的广场,其间设有水景,且设置了座椅、休憩长廊、健身设施,居民使用频繁,居民在此可以锻炼、聊天、休闲,是一个很好的交往空间。观测数据表明:中心广场的使用频率高,平均 50 人 /30 分钟。只是相对于小区的居民量,健身广场面积过于狭小,活动设施也过少,灯具、座椅等设施已损坏,且水景被污染(表 6-1)。

组团级场地以及住栋间活动场地在实际的使用过程中的使用状况差别很大,住栋间的休憩场地的使用频率明显高于组团活动场地。组团活动场地由于私密性差,环境脏乱,缺乏景观,少有人问津。住栋间围合成的活动场地,设置了休憩亭、长廊,由于朝阳、安静,故场地周围的居民都乐于使用。

表 6-1　景明佳园内活动设施使用情况

	使用频率(人/30 分钟)	主观描述
健身器材	30～40	多为小孩、老人,健身器材质量差,活动场地面积小
休息椅 1	中心广场——0　宅间——7	中心广场人多,但座椅少且质量差。朝阳、风热环境好的地方以及有顶棚的座椅使用率高
休息椅 2	中心广场——0　宅间——3	
休息椅 3	中心广场——4　宅间——4	
花坛边缘	2	使用率低,人们更倾向于去人气旺的地方

资料来源:作者根据调研资料绘制

南京的商品房住区中一般均设有较大的儿童游戏场和配备有较完善的设施,其中有的不仅在中心绿地中设有儿童游戏场,而且在宅间绿地中还设有小型儿童游戏设施,实现了分级设置。但是在经济适用住宅小区中对此项设施却重视不够,基本上都没有专门的儿童活动场地,更无其他任何游戏设施,远远不能满足儿童游戏的需要。由此可见,儿童游戏场应被列为小区环境中普及的项目,在设计中应注意其规模和设施配套。(图 6-13)

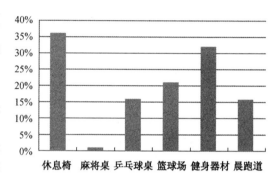

图 6-13　最希望增加的活动设施调查情况

资料来源:作者根据调研资料绘制

南京保障性住房小区环境设施的配置并未能反映出居民的实际需求,比如户外健身场地和老年人活动场地成为居民们反映最为缺乏的场地,只起景观作用的小区绿地被居民随意践踏,充作交流、活动空间。而居民关注程度较小的装饰小品等设施却过多地出现在小区里,说明当前南京经济适用住区的环境建设仍然停留在"环境即绿化、环境即景观"的初级层面上。经济适用住房小区的外部环境设计没有遵循功能第一的原则:即从功能而非形式出发,满足小区的社会交往、老人活动、儿童玩耍、散步健身等需求,兼顾景观和生态效应。

(2)忽视了住区整体环境的均好性

先期开发建设的经济适用房与周边的商品住宅相比,容积率明显低于附近的商品住宅。在容积率和建筑密度不高的情况下,经济适用房的外部空间是充足的。然而由于小区规划片面注重、扩大集中公共绿地,忽视了小区总体居住环境、卫生健康、邻里交往的均好性原则,常常是除了小区中心的一个大花园,大部分楼栋住户并不具有良好的环境景观品质,存在相对建筑密度过高的现象。住户的外部环境与建筑脱节,即在住宅建成后,在楼栋间空地进行简单而被动的绿化,建筑与环境之间缺乏有机的自然联系。

设置地下车库有利于地面环境优化,但地下车库的容量和使用效率有待事实验证,事实上小区有很多违章停车的现象,破坏景观;小区内道路设计生硬,因为没有实现人车分流,机动车道、人行道混合,道路宽度较大,更割裂了地面绿化的完整性。

6.1.5　住区规划

(1)从多层行列式到板式高层

南京市经济适用房住区规模普遍较大,如春江新城占地面积达到了 1 222 亩,仙居雅苑为1 065亩。通过调研,笔者也发现一些住区相对较小,如恒盛嘉园,面积为200亩,但是,其周边同样为经济适用房,而恒盛嘉园则成为整个孙家洼经济适用房片区的第一期部分。各个经济适用房片区在前期的统一规划,一般都形成了二级的住区结构。而在小区内部,建筑多采用行列式布局,缺乏围合和次级中心,难以形成相对明确的组团层次和邻里空间。以春江新城为例,现已建成部分分为四期建设,每期成为一个较为独立的居住小区,规模在20公顷左右;各个小区之间的道路为城市道路,小区内部则采用相对封闭的管理;四个小区共同的中心区域为配套商业服务功能。而各个小区内部居住简直基本上采用行列式布局,未产生明确的组团关系或邻里空间。

先期开发建设的经济适用房住区以多层的住宅建筑为主,如景明佳园只在其中心位置设置了几栋点式小高层,其他均为多层建筑,而其他住区,如恒盛嘉园等均只有多层住宅。随着对经济适用房住区容积率要求的不断提高,越来越多的小高层甚至高层住宅出现在经济适用房住区,春江新城的第四期工程就是以小高层住宅为主,2008年以后新规划建设的保障性住区的用地多在20公顷以上,容积率多在2.0以上,甚至出现容积率在3.0以上全高层住宅保障性住房小区,例如从2010年开始,南京市以区域新城的理念规划建设的岱山、上坊、花岗、丁家庄四大保障房片区,共338栋板式住宅均以高层为主。

(2)人车混行,机动车停车位设置

从交通结构的角度来看,经济适用房小区往往采用人车混行的交通组织方式,没有明确的步行交通系统,这和经济适用房住区的机动车拥有量较低是一致的。静态交通方式则多采用道路停车和宅间停车结合的机动车停车方式。在已建成的经济适用房住区内,春江新城是少数设置了一个地下停车库的居住小区;此外,春江新城在一期内还有一种特殊的双层停车库,即停车库陷入地下半层,下层停放非机动车,上层停放机动车。经济适用房小区的停车位较少,辆户比往往在20%到30%,如仙居雅苑的机动车停车位为482辆,辆户比为22%;各个经济适用房住区多采用半地下车库、地面车棚、露天停车等方式结合的停车方式。但从使用状况来看,机动车、非机动车停车均缺乏管理,停放混乱,非机动车盗窃多发。很多公共的半地下自行车库被居民私自用来堆放杂物,自行车则停在楼梯间等处,影响了住区的环境品质。

6.1.6 单体住栋

(1)大进深、小面宽的户型设计

经济适用房的户型建筑面积普遍在90平方米以下,下表可以清楚地看出南京经济适用房住区各种面积住宅的比例和套数(表6-2)。

南京经济适用房户型以90平方米以下小户型为主。60~80平方米在其中占了较大的比例。从2002~2004年,套型面积有变大的趋势;而到了2005年,三种面积比例趋于均等。

表6-2 2002~2005年南京经济适用房建设各面积套型数量及比例

年 度	套型面积(平方米)和所占比例(%)					套数(套)
	60以下	60~80	80~90	90~100	100以上	
2002	448	448				896
比例%	50	50				
2003	3 399	5 235	334	683		9 651

年　度	套型面积(平方米)和所占比例(%)					套数(套)
	60 以下	60～80	80～90	90～100	100 以上	
比例%	35.2	54.2	3.5	7.1		
2004	5 295	11 107	1 318	1 138		18 858
比例%	28.1	58.9	7.0	6.0		
2005	3 914	5 782	1 345	1 096	72	12 209
比例%	32.1	47.3	11.0	9.0	0.6	
合计	13 056	22 572	2 997	2 917	72	41 614
比例%	31.4	54.2	7.2	7.0	0.2	

资料来源:作者根据房改办提供资料绘制

　　经济适用房的户型设计强调节约,普遍采用大进深小面宽的设计方案,同时单个户型面积较小,多采用三进深方式,导致局部采光通风不佳。而最为住户诟病的是客厅和卫生间的采光通风。大户型住户满意程度通常比较高,有时候厅的面积过大,居民反而并不喜欢。小户型的问题集中在厨卫与起居室采光上面。小户型为了紧凑排布通常将卫生间设计成暗卫,朝向楼梯间排风。大部分居民对此意见较大。对于餐厅与起居室合用,居民意见并不大。

　　同一个经济适用房住区的户型种类较少,往往有 4～6 种,而各种面积的户型往往只有一到两种,住户的挑选余地较小。同时,多层的住宅全部采用砖混结构,住宅内部的可改造性基本上未予考虑。这必然导致在使用过程中住宅不能适应住户未来的家庭结构的变化。

　　(2)建筑低造价,居住品质降低

　　经济适用房住宅的建筑质量普遍反映不佳,这可能跟其建设方式有关。在尽量节约造价的前提下建筑建设的质量往往难以得到保证。经济适用房的建设采用政府定价的方式由开发公司代建。由于事先约定好整个建安费用,建设单位的收益相对较少。在此过程中如未能做到严格监管则建设单位可能通过降低造价来减少建设投资,继而获得利润。经济适用房定位为中低收入人群的普通住房,自然不能追求高档次高标准,但是应该本着"实而不华"的原则,严格保证建筑质量。

　　调研中笔者发现,部分小区的业主对经济适用房的质量表示不满,认为偷工减料情况严重,百水芊城、仙居雅苑两个小区的居民对建筑质量不满意的比例均超过了 60%。而住户反映的问题多种多样,其中较为严重的是屋顶漏水。被调查的几乎所有顶层住户都反映有漏水现象,同时隔音不好、墙体开裂等问题也均较为集中。经济适用房住户家庭收入较低,家庭装修相对简单,地面往往是水泥地面,未经处理,隔声的问题比普通居住小区更为尖锐(表 6-3)。

表 6-3　重点调研经济适用房住区房屋质量调查情况

主要建筑质量问题	墙体开裂	粉刷剥落	屋顶墙体漏水	厨厕渗漏	窗户质量不佳	隔声	隔热	其他
景明家园	10(12.8%)	7(8.0%)	6(7.7%)	4(5.1%)	9(11.5%)	23(29.5%)	14(18.0%)	5(6.4%)
春江新城	39(25.4%)	16(10.4%)	27(17.5%)	12(7.8%)	16(10.4%)	29(18.8%)	13(8.4%)	2(1.3%)

主要建筑质量问题	墙体开裂	粉刷剥落	屋顶墙体漏水	厨厕渗漏	窗户质量不佳	隔声	隔热	其他
百水芊城	29(16.5%)	27(15.3%)	24(13.6%)	29(16.5%)	17(9.7%)	39(22.2%)	10(5.7%)	1(0.5%)
仙居雅苑	49(26.6%)	26(14.1%)	27(14.7%)	22(12.0%)	16(8.7%)	29(15.8%)	13(7.1%)	2(1.0%)

资料来源:作者根据房改办提供资料绘制

而对于建筑的外观,居民并不关心,这是关于需求的层次性的问题。对于低收入人群,功能性是第一位的,审美上的追求还很难谈及。但从城市的视觉景观角度出发,经济适用房决不应成为城市的伤疤。相对较低的造价也并不影响优秀的城市建筑的出现。经济适用房住区以往给人们的印象往往是单一的兵营式布局、简单重复的住宅建筑、巨大的社区规模。在规划设计中,我们尽可以通过高层、多层建筑组合、住宅单体建筑的错动等多种方式,形成丰富的城市轮廓线和社区居住空间,改变经济适用房住区单调的城市形态。

6.1.7 非物质层面

(1)物业费难以收缴、治安较差

经济适用房住区的管理状况普遍不佳。这体现在几个方面:

多数经济适用房住区的物业费难以收缴,物业管理停留在很低级的层次,基本上谈不上系统的安保、维护。在调查的多个住区,我们发现,其社区管理往往仅停留在白天的简单巡视和门卫管理上,但门卫管理因住区规模巨大,难以区分业主和外来人员,也形同虚设。

经济适用房住区的居民多反映治安较差,主要是自行车丢失和入户盗窃案多发,这和经济适用房住区城郊结合部的位置布局、开放式的规划结构、低层次的物业管理、缺乏归属感的邻里关系、混杂的居住人群等诸多要素有关。

缺乏管理,住户的群体意识淡薄,导致社区的绿化、休闲设施破坏严重。大量的绿化景观在居民入住后便不再有维护管理,陷于自生自灭的地步。居民甚至在公共绿化场地上养鸡种菜,将原有景观环境破坏殆尽。而一些休息活动设施也同样破坏严重,缺乏维修和管理。

在一些经济适用房住区,笔者也看到了一些自发的社区管理组织,多由居委会组织,退休人员参加,负责巡查、监管。然而这种义务的、自发的社区管理是难以面面俱到的。经济适用房住区的管理问题依然严重。

(2)居民缺乏归属感、社区内出现分层

经济适用房的居民就业率相对较低,收入水平相近,在一定程度上有利于形成友善的邻里交往氛围。作为低收入人群的居民本身也非常需要这样的相互交流,在这里可以形成自我的社会认同。

经济适用房小区的邻里关系并未因住户的受教育水平较低而矛盾突出。对于一个相对较小的邻里空间而言,居民之间的彼此熟悉、亲近会解决很多社会学难题。我们可以考虑将经济适用房居民中失业人员组织起来,形成相对正规、有偿的物业管理队伍,管理自己的小区,而这种物业管理应维持在相对低廉的收费标准基础上。对于本小区的住户而言,从事一些力所能及的工作而无需付出交通的成本和时间,即使收入相对其他物业管理人员低一些,也是有吸引力的。同时,居民参与管理自己所在的社区是具有先天优势的:他们熟悉社区居民和环境,负有责任心,更容易跟居民沟通交流。而将一份全职物管工作拆解,转换成两个或三个半职工作机会,对于解决低收入居民的自我管理是有很大好处的,将更多人引入社区管理、同时解决尽可能多的失业人员基本生活问题、形成内部竞争关系。这些着眼点都和普通的住宅物业管理有着很大的区别。

表6-4　重点调研经济适用房住区邻里关系评价调查情况

对目前邻里关系的评价	很融洽	较融洽	较淡漠	没想过
景明佳园	4(5.7%)	27(38.6%)	30(42.9%)	9(12.8%)
春江新城	29(36.3%)	35(43.8%)	15(18.6%)	1(1.3%)
百水芊城	7(10.3%)	42(61.8%)	19(27.9%)	—
仙居雅苑	39(36.8%)	45(42.5%)	21(19.8%)	1(0.9%)

资料来源:作者根据房改办提供资料绘制

　　然而必须注意到的是,即使在经济条件普遍较差的经济适用房住区内,同样存在社会分层现象。以景明佳园为例,景明佳园的居民中城市拆迁人口比例较高,这一部分拆迁人口跟集体土地拆迁人口之间的交流较少,认为对方素质差,生活习惯不佳,评价较低;他们平时交往的对象多同为城市拆迁人口。这种现象在其他小区也均有体现。很多居民反映,在拆迁后,他们交往的对象往往是一起因拆迁而迁来的老邻居。这或许会对我们的经济适用房分配方式有一定启发。

6.2　形式与挑战

　　第一,从城市发展阶段和房地产整体发展水平来看,南京市的保障住房建设面临更大的压力和困难,保障性住房的建设是一个长期的、不断完善的过程。南京现阶段保障性住房的保障范围大多仅限于城市拆迁人口和近郊被动城市化的失地农民。即使这样,保障性住房依然供不应求。可见,在未来相当长一段时间,随着南京城市化进程的不断推进,保障性住房的建设也必须加速进行,以适应城市化的发展,这也是建设和谐社会的要求。即使是在经济实力强、保障政策完善的中国香港地区,其保障性住房建设也从上世纪50年代中期开始到2003年左右历时近半个世纪才基本告一段落、供应基本满足需求。长期来看,随着我国内地户籍制度改革、城乡二元化的改变,住房保障的范围必然会不断扩大。因此,城市规划管理部门对这一课题进行近远期结合的专项规划是必须而紧迫的。

　　第二,加大政府支持力度,保障性住房建设的规划设计享有管理和实施上的优先权。在法制化的基础上建立完善的、有针对性的保障型住宅专项法规政策是解决当前困局的必然途径。南京市保障性住房建设的程序和普通商品房一致,没有任何特设政策支持。比如,南京市经济适用住房基础设施配套费、行政规费减半收取,人防异地建设费不免。天津和沈阳的基础设施配套费全免、人防异地建设费全免,行政规费减半,进一步节约了工程建设成本。规划管理角度套用普通商品房的规划管理指标,规划、建设管理部门一视同仁地对保障性住房和商品住房。而南京市在对普通商品房规划设计管理上出台了一些相应的地方性法规,在日照、建筑间距、建筑内走廊宽度等多个方面相比国家住宅规范更为严格。相对而言,天津市在停车率和配套指标等方面对住宅规范有所突破,厦门市则通过土地用途的转换,结合公交场站建设保障性住房,提高了土地集约利用的程度。

当然,住宅建设标准越是严格,居民的居住质量将越好。但是标准过高,在土地、建筑造价等方面付出的代价会非常巨大。必须正确认识我国内地城市的发展阶段和发展水平,明确保障性住房的功能定位。保障性住房的标准应该和保障范围、保障目标相对应。在目前阶段,南京市依然存在大量低收入人群居住困难的情况下,应该首先强调达到基本的保障水平,而保障的标准和范围则应是随着社会经济的逐步发展而不断调整的。根据城市发展状况确定合理的保障标准是十分必要的,套用普通商品房的标准进行管理是简单而低效的手段。

第三,建立保障性住房建设与城市发展的互动机制,同步推进保障性住房建设和城市化进程。住房政策是整个社会保障政策的一个重要组成部分,它不单单是与直接保障对象、保障方式等相关联,更重要的是与其所存在的作为物质的城市密切相连。仅仅依靠住房政策本身并不能有效地解决问题,而是应当建立一个涉及城市经济发展、社会发展、文化传统、教育状况等全方位的政策体系,建立一种保障性住房建设与城市发展相互促进的有效机制。如前面第5章的论述,南京保障性住房项目的开发和建设与南京市城市发展及城市规划同样存在互相影响、互相制约的关系:城市化程度制约着保障性住房的选址,城市化程度不高必然给居住于保障性住房的中低收入家庭的就业、生活、交通带来极大的不便;保障性住房的开发建设推动城市化进程,保障性住房的居住者为城市建设提供劳动力,保障性住房的开发建设需要城市化配套的跟进,劳动力资源的充足和城市化配套的完善提升保障性住房周边地带的价值又吸引房地产及其他产业的投资,从而进一步推动城市化的进程。南京的经济总量、城市及人口规模、城市化程度不及长三角地区的许多城市,且南京的城市发展容量有限,但是从全市的土地资源和人口密度与上海、杭州等地的比较,以及南京未来尤其是安徽、河南、苏北等腹地以后的经济发展趋势来说,也表明了南京极具发展潜力,城市周边大片的未开发用地为保障性住房的建设提供了发展空间。在快速的城市化发展中,我们应当抓住机遇,同步推进保障性住房建设和城市化进程,让二者进入良性运作,一方面通过保障性住房的建设扩大加深城市化,促进城市发展,另一方面通过全面的城市化为保障性住房提供充足的配套设施,为居住弱势群体带来提高居住条件的实惠。

第四,在项目规划选址上力求在多方面与大社区相融合,确保可持续发展的环境。老城区更新时须考虑部分拆迁人口尽可能的就地回迁,同时大力发展新城建设。由于城市居住空间分异所引发的各种问题已初步显现,越来越多的国内学者在思考如何解决城市居住空间分异,在目前规划领域已有的众多研究中,有相当数量的研究都不同程度地提到了运用不同收入阶层混合居住这种模式来解决城市居住空间分异等问题。因此,应该将经济适用房、农民拆迁房以及廉租房等政府保障性住房作为一种调控社会阶层在空间均质分布的策略,城市住区建设宜采用"遍地开花"的方式,结合商品房的开发,将经济适用房以街坊、小区为单位,作为低收入阶层"同质镶嵌体"融入城市。在较大区域内推进各种类型、各个层次、各类群体住房的相对混合布局,促进社会各阶层的融合,克服贫困集中问题,避免社会排斥和隔离;同时,考虑到不同阶层居民收入水平、消费承受能力和生活方式的差异,通过采用小集中的方式,在社区内为不同收入阶层居民提供相适宜的居住条件。

南京各区经济适用房项目选址普遍在绕城公路沿线,基础配套和交通配套匮乏,而必须在小区内配套建设学校、幼儿园、停车场、人防、营业用房等。天津市则坚持分块集中建设:在主城范围内按照区域划定经济适用房建设用地范围,甚至出现经济适用小区隔街对面即为高档商品房小区,其优点是共同分享城市基础设施,方便低收入人群就业(服务性行业);如果距离市区较远,则选址在地铁附近,这样经济适用住房小区内机动车和自行车不多,可不考虑车位和地下停车问题,小区内不建半地下室或地下室,不建人防设施,没有学校幼儿园配套,配套都交给周边非经济适用房的小区承担,从而降低了成本。沈阳市则坚持整体进行规划选址:在城市拆迁地原址选址建设,即每3～5块城市拆迁用地拿出一块土地用于保障性住宅建设,相当于政府分块集中建设经济适用房,有效控制了保障性住房建设项目的规模,和其他类型居住用地混杂形成居住区,保证了一部分拆迁人口可以就地安置,减少了社会分层现象。同时,共享城市基础配套、公共交通和公共资源,与天津市的做法相同,把学校、商业等配套交给周边商品房小区及政府建设。因此,南京市应采取集中建设和开发配建作为主要手段,按照"大分散、小集中"的模式进行空间布局,促进社会公平和融合。根据南京市实际情况,在住房建设的空间布局上,要采用大融合的方式,在较大区域内推进各种类型、各个层次、各类群体住房的相对混合布局,促进社会各阶层的融合,克服贫困集中问题,避免社会排斥和隔离;同时,考虑到不同阶层居民收入水平、消费承受能力和生活方式的差异,通过采用小集中的方式,在社区内为不同收入阶层居民提供相适宜的居住条件。

大力建设新城、控制旧城区规模是解决南京市这种传统单中心特大城市居住问题的重要方法,这一点也符合南京市总体规划的思想。然而老城中心的城市疏散过程不等于低收入居住人群的过滤过程,无论是老城还是新城都应保证居民生态的多样性。同时我们也应充分考虑新城和产业之间的关系,避免其成为完全的"卧城",继而加重城市交通的压力。由此可见,仅仅提供一容身之处是不够的,保障性住房应能够在多方面与大社区相融合,确保其可以持续发展的公平环境。住房规划与社区规划的结合、良好的规划与设计是促成融合的基础。而区位的选择和恰当的集聚规模也非常重要,保障性住房的空间安排还应与产业发展、经济结构的空间格局相配合。

第五,关注城市、住宅开发与土地资源之间的可持续发展关系,集约利用土地资源。城市化必须以住房保障来巩固,而解决住房保障必然面临关键难点之一是土地。依照国家发展计划,套型建筑面积90平方米以下住房(含经济适用住房)的年度供应量将不得低于居住用地供应总量的70%。由此可见,保障性住房建设将是城市住宅建设中的用地大户。保障性住房用地大多由政府划拨,在脱离市场制约的情况下土地集约利用程度不高,主要表现在保障性住房的建设强度并没有达到应有的集约度,大量占地多、层数低的住宅建筑,致使土地价值得不到充分发挥,以雨花台区2002～2009年开发的15个经济适用房项目为例,大多数项目的容积率在1.5左右。随着建设量的不断增加,2008、2009年开始开工的春江新城(二期B)和古雄板桥路西(地块2)的容积率均达到了2.4以上,呈现向高容积率发展的趋势。这是在城市建设用地日趋稀缺、住房建设容积率不断攀升的趋势下,在城市土地集约利用需求下的选择。作为体现社会公平和国家福利政策的保障性住房建设,其开发主体的特殊性以及居住主体的针对性,理应把"节约土地"、合理利用土地资源作为实现可持续发展的重要原则。

表6-5 南京部分经济适用房住区容积率指标

	项目名称	建筑面积(万平方米)	建设年代	容积率
1	景明佳园(一期)	54.3	2002	1.4
2	景明佳园(二、三期)		2003	
3	春江新城(一期)	6.99	2003	1.2
4	金叶花园	14.72	2004	1.4

	项目名称	建筑面积(万平方米)	建设年代	容积率
5	荷塘村	9.15	2005	1.6
6	朱家场翠岭银河	34.2	2006	1.8
7	西善桥西善花园	63.44	2006	2.2
8	永安村	11.07	2007	1.7
9	古雄村	43.2	2007	1.7
10	春江新城(二期 A)	20.28	2007	1.2
11	春江新城(二期 B)	18.1	2008	2.4
12	绿洲南路	35	2009	1.65
13	古雄板桥路西(地块 1)	30	2009	1.6
14	古雄板桥路西(地块 2)			2.5
15	农花村(火车南站)	16	2009	2.2

资料来源:作者根据南京市房改办提供资料绘制

规模化的高容积率保障性住房建设目前在我国内地大城市中已经初现端倪,如何保证保障性住房建设与城市可持续发展形成良性互动,尤其是有可能引发严峻社会舆论和社会问题的高容积率保障性住房,其发展是产生城市问题的根源,例如,部分保障性住房的建设用地孤立,没有与公共设施形成整合开发,导致大量居住建筑绵延成片,进一步加剧了社会隔离与居住分层。极大地阻碍了保障性住房社会保障职能的有效发挥。值得一提的是,2016 年北京市就提出在解决完现有轮候家庭后,原则上不再新建经济适用房,而是通过对"市场存量"实施渐进式有机更新改造的方式解决城市居住困难问题,同时推进"社区混合居住"(保障房、公租房小区里将既有低收入群体,又有大学生或者年轻的白领)。[①] 保障性住房的建设如何采取有效策略充分利用城市土地以达到对土地资源的最优配置,用有限的土地解决更多人口的居住问题,同时营造高品质的居住生活环境,促进社会和谐发展,对于南京市的城市化进程和保障性住房建设都具有双重重要的意义。

第六,公交优先和 TOD[②] 是对完善弱势居住群体住房保障至关重要的城市发展模式,并针对不同需求和发展时序来考虑公共服务设施。

从国内外经验看,采取"公共交通为导向"的发展模式,沿公共交通走廊集中安排住房建设,有利于充分发挥公共交通的引导作用,提高出行效率,特别是可以有效地节约土地和能源。如香港地区政府拿出了 2%的城市建设用地,在 60 个地铁车站的周围 500 米之内,建立高密度的公屋,吸纳了 60%的香港人口。根据国内外的做法,考虑到中低收入家庭在收入水平的限制下对公共交通的依赖程度较高等因素,南京市应优先在公交站场、轨道沿线等交通便利地段布置经济适用房和廉租房等政府保障性住房。根据南京市的 17 条轨道交通远景规划[③],将把廉租房、经济适用房项目优先安排在轨道交通沿线,以

---

① 经适房和限价房原则上不再新建[N].北京晨报,2016-01-01(A05).

② TOD(Transit-Oriented Development),即"公交引导发展"模式。

③ 在新一轮南京轨道网线规划中,南京主城区地铁线加密,从原来的 13 条增加到 17 条,里程则从原来的 433公里增加到 617.1 公里;而且不再局限于主城地铁这种单一形式,分为快线、地铁、轻轨三种。

及站点周边 1 000 米的范围内。"交通导向开发"是密度适当偏高的开发,位于主要交通站点周边适宜步行的距离内,通常可以为步行者提供居住、就读和购物的机会。① 轨道交通沿线建起的高密度廉租房、经济适用房,既能吸纳转移进一小时经济圈的人口居住,还能带动沿线经济发展,让中低收入家庭、工薪族人士共享城市经济增长和社会发展的成果。完善、便捷、快速、低价的公共交通是解决保障住宅居民生活就业的最有效方式。将交通规划和土地利用规划结合,保证二者之间形成及时的信息反馈机制,避免出现对基础配套设施等公共工程投资强度不足或投资时间滞后等情况,否则,将会导致郊区化保障性住房计划的受挫甚至失败。

城市化区域的公共服务设施配套标准和方法是针对城市化较高的区域制定的,这些区域社区单一,市场运行成熟,运用小区建成同步配套的方法可以避免开发中一味追求容积率而导致的服务设施滞后,同时对那些配套不足的自然有市场参与完善。对于保障性住房建设,每个阶段有不同的发展特点和问题,公共服务设施配套规划也要根据各个阶段的特点分别对待,即每个阶段有不同的侧重点,这样避免了一刀切的统一规划方法带来的不利。考虑到保障性住房可以采取集中建设和配建等方式进行,以及保障性住房所对应的特殊人群,可以针对不同需求和发展时序来考虑公共服务设施配套,从社会、经济、技术等角度提出问题并进行分析,针对各类各级设施、各类社区、发展时序,在充分了解各社区公共服务设施的使用问题和居民需求,进而根据不同社区的不同发展问题制定不同的解决方案,到发展成熟、城市化水平较高,或者说城市中心区逐步扩大,待廉租房和农民拆迁房等社区发展成熟并融入了现代的城市社会时,很多问题已经解决了,再利用经过实践检验的配套标准统一规划。而对于容积率、户型比、建筑密度、建筑限高等强制性指标,可依据城市规划以及专项规划,结合保障性住房的特点,确定居住用地综合开发建设指标。

第七,从低收入人群的需求出发,重视户型的适应性和精细化设计。目前南京保障性住房的户型设计中仍拘于大套型的思路,欠缺对中小户型套内功能空间配置的考虑。例如,在大套型中居住空间可以明确地划分为起居与睡眠功能,即设有分工明确的起居厅与卧室,其在空间尺度、位置和设施配置上都有侧重与不同,然而,对于中小套型中,由于有限的面积,模糊大套型中功能区域、强调复合功能的高效利用是其户型设计的重点。即将某些功能分区合并或者连接,不做明确的限定,如起居与餐厅合二为一,甚至一些较小的户型厨房也设计成开敞与半开敞的形式,虽然从独立性上有欠缺,但往往可以获得更加开敞的空间感。

户型空间划分固定、不灵活,使得原本面积就小的居住空间经过墙体划分后更加局促,适应性降低。建议减少固定构件:以轻质材料,透光材料或多用途家具等活动构件分隔不同的功能区,减少固定的墙体,使得室内空间流动开敞而不闭塞,同时也使得户型可以根据功能的变化而改变空间的形态、位置和尺寸,具有更强的适应性和实用价值。面积越小,对设计的精细化要求越高,小户型住宅尤为需要专门的储藏空间来存放中低收入者的日常杂物;利用空间角落:对某些设备角落或空间富余处加以利用,成为储存与收纳的空间。如洗手台盆下设置储物柜,走廊设置吊柜,管井与墙体之间增加储物搁板等,都是一些化消极空间为积极的方法。

---

① 一个人愿意步行的距离决定了 TOD 的大致范围。这个距离大约为 5 分钟的步行路程,也就是 400 到 600 米。在这个半径范围内,有 0.50~1.01 平方公里的土地用于交通导向的开发。

7 基于城市化的保障性住房技术政策和标准

　　保障性住房建设的主要标志是保障性住房物质空间的实现,保障性住房物质空间的实现就是居住环境的形成,即大到住宅区,小到单幢住宅楼的建成。由于保障性住房具有很强的政策行为特征,因而物质实现过程必然伴随着政府对住房市场的调节和干预,这种调节和干预的措施和手段就是政府保障性住房的建设政策,包括土地供应、规划设计、施工建造等方面。

　　从各国住房建设的实践中不难看出,保障性住房比普通商品住房更多、更完善地体现了各国建设技术政策。① 其建设无论从经济上还是从技术上都体现了政府的调节和干预行为。保障性住房发展较为成功的国家(地区),对建设用地的供应大都采取了必要的调节和干预政策,以保证土地供应价格的合理和供应量的充分;对居住环境质量和工程质量水平也制定了相应的规范,以保证居住的适用和安全等。实践证明,这些技术政策对保障性住房计划的实施及建设都有很强的推动作用。

7.1 保障性住房的技术政策建议

7.1.1 充分的建设用地供应体系

　　(1) 以划拨方式确保用地的有效供应

　　土地征用政策是政府再分配财富和资源的强制性措施,限制了土地投机,保证了大规模保障性住房建设的用地需要,为其建设提供强有力的支持。在土地所有权方面,一些国家采用土地公有化政策,限制私有土地的数量,如新加坡和瑞典;另外一些国家尽管以土地私有化为主,但对于公共住房或其他公共用途的用地也采取必要的税收优惠和征用措施,如英国、日本等。这些国家大多制定了土地征用法,以确保在需要的时候,政府能以合理的价格征用私人土地,用于诸如公房建设和城市基础设施建设。②

　　目前,中国城市住宅建设用地的供应主要有两种途径:一种是商品住宅建设用地,需要按招标、拍卖、挂牌出让方式供地;一种是符合经济适用住房、廉租住房条件的保障性住房用地,以划拨方式供地。保障性住房项目中规划配建的商业、服务业等经营性设施用地,实行有偿使用,能够分割成宗地的仍以招标、拍卖、挂牌出让方式供地。以划拨方式可以确保保障性住房的用地需求,但同时必须加大用地供应和监管力度。在完成保障性住房的土地供应后,要保证能按期形成住房供应,对严重违法违规又不纠正的企业,要禁止其通过划拨和出让方式取得新的土地。同时,土地供应后不得改变保障性住房用地的性质。城乡规划调整后需要改变用地性质的应由政府收回土地。

　　现行城市住宅建设用地供应政策存在着明显的缺陷。首先,土地供应存在结构性缺陷,即现有土地供应方式过于简单,缺乏明显的层次。在划拨与有偿出让两极之间缺乏

---

　　① 住房技术政策是政府对住房建设各个环节的调节和干预措施,主要包括有关土地利用、居住区和住宅的规划设计与建造的法律规范和标准。这些规范和标准是住房政策和计划技术可行性的根本保障。

　　② 田东海.住房政策:国际经验借鉴和中国现实选择[M].北京:清华大学出版社,1989:150.

明确而有效的过渡方式。其次,土地供应空间分布不平衡,表现为城区的土地供应量不足,城郊的供应量过剩。同时,市区土地的基础设施条件较好,但拆迁成本大、土地成本高,近郊区的土地成本相对较低,但基础设施条件差、与市区距离远、交通也不方便,再加上城市居民心理上对城区的依赖感,从而使郊区的商品住宅以及安居住宅都难以出售。政府可以在城乡结合部选择农地进行大规模的保障性住房建设。由政府统一征地进行基础设施配套建设。为了减轻政府的投资压力,这些大规模住宅区应建成保障性住房和其他商品房兼顾的综合社区,应滚动开发以不断吸引各种投资在此兴建住房,加速社区尽快形成规模。

因此,建立多层次的住宅建筑用地体系,实行区别供应住宅建设用地的政策,如保障房土地划拨、中低商品房土地批租、高端商品房土地拍卖综合的土地供应政策,对不同类型的住宅建设用地实行不同的供应强度和方式是住宅建设用地供应的根本出路。

（2）加大土地资源整合力度,实现土地最优配置

土地是最根本的人类资源,土地是居住区规划中的基本要素。随着中国城市化进程加速,必然带来对土地的大量占用和开发,建设与耕作争夺用地的矛盾日益突出。"节约土地"离不开城市化进程及经济发展的现实条件,住宅建设作为国民经济新增长点,建设量在全国总建设量中占有相当大的比例(已占整个城市用地量的30%),是近年消耗土地最多的建筑类型。因此,实现建筑可持续发展必须把住宅建设研究放在首位。自1998年开始大规模建设保障性住房,其投资在整个住宅投资中所占比重逐年增加,有些城市的保障性住房已经占到建设规模的一半以上。由此可见,保障性住房建设将是城市住宅建设中的用地大户。作为体现社会公平和国家福利政策的保障性住房建设,其开发主体的特殊性以及居住主体的针对性,理应把"节约土地"、合理利用土地资源作为实现可持续发展的重要原则。

然而,保障性住房用地大多由政府划拨,在脱离市场制约的情况下土地集约利用程度不高,浪费现象严重:一方面表现在保障性住房的建设强度并没有达到应有的集约度,大量占地多、层数低的住宅建筑,致使土地价值得不到充分发挥,需要以更集约的方式利用土地才能获得更大收益;另一方面表现在保障性住房的建设用地孤立,没有与公共设施形成整合开发,导致大量居住建筑绵延成片,进一步加剧了社会隔离与居住分层。这些问题加上选址偏远、交通可达性差、公共设施匮乏等原因,造成目前保障性住房居民生活不便、社会效益低的弊端,已经极大地阻碍了保障性住房社会保障职能的有效发挥。保障性住房的建设如何采取有效策略充分利用城市土地以达到对土地资源的最优配置,用有限的土地解决更多人口的居住问题,同时营造高品质的居住生活环境,促进社会和谐发展,对于中国的城市化进程和保障性住房建设都具有双重重要的意义。

7.1.2 多层次的规划及实施体系

城市空间并非是简单的工作与居住地点,而是满足人们各种生理需求与社会需求的场所总和。因此,在城市经济发展的同时,为包括居住弱势群体在内的市民提供良好、舒适的居住环境,提供丰富文化、运动、休闲、娱乐等活动的场所和机会,满足居民生活高品质化、个性化、多样化的要求,则是城市居民对所居住城市的希望和要求,也是城市发展目标的重要内容。目前,很多城市都明确将"宜居城市"作为与经济、产业发展并列的城市发展目标之一,不仅在总体层面上关注提高城市环境品质、增加住宅供给等,也十分重视住房保障。

（1）根据南京长期发展战略适时调整城市总体规划,将保障性住房建设规划纳入城

市总体规划管理之中

《城市规划编制办法》(建设部令第 146 号)指出,"城市规划是政府调控城市空间资源、指导城乡发展与建设、维护社会公平、保障公共安全和公众利益的重要公共政策之一",并要求"编制城市规划,应当考虑人民群众需要,改善人居环境,方便群众生活,充分关注中低收入人群,扶助弱势群体,维护社会稳定和公共安全"。在当前构建社会主义和谐社会的宏观政策要求下,在城市建设发展过程中妥善地解决弱势群体的居住保障问题已经成为维护社会稳定、全面实现小康、促进城市健康发展所必须解决的重要问题之一。

在城市总体规划中更加关注注重贯彻国家宏观发展要求,将为居住弱势群体提供适宜的保障性住房和促进各收入群体居住融合纳入城市社会发展目标之中,并考虑城市的经济发展水平、住房现状水平、产业发展目标(劳动密集型产业重在吸引务工者,高科技产业则重在引进高学历人才)、人口发展和城镇化目标等多重因素,合理确定住房保障发展策略,明确近、远期的住房保障覆盖率指标要求。①

另外,保障性住房建设亟须空间视野下的综合规划应对策略。除了满足被保障人群基本居住需求以外,保障性住房规划目标应涵盖"长远的持续发展":即通过城市环境的支撑,使被保障人群具备通过后致性因素进行向上流动和代际流动的可能性;"综合的社会效益":即通过确定合理的社区结构,既能够保证被保障人群较好的生存环境,又能与周边社区融合,避免外部负效应的产生;"细致的人文关怀":即通过提高微观层面的住宅和住区的规划建设质量,增强被保障人群的自尊心,有助于培养对于社区的自豪感、认同感,有效缓解抵触情绪,促进社会稳定。②

(2) 在总体规划层面,明确住房保障长期发展目标,制定保障性住房建设阶段性实施规划

A. 明确住房保障的长期发展目标

住房保障长期发展目标为建立健全住房保障体系和保障性住房的建设、供应与分配提供了指导,是住房保障体系可持续、健康发展所必不可少的。从各国公共住房政策来看,其主要目标是消灭贫民窟,并为全社会提供合适的住房和居住环境。如瑞典政府在1967 年提出"以合理的价格向全民提供有益于健康、宽敞的、设计合理和设备齐全的住房",在 1974 年又补充了"良好的居住环境、住房租户的参与权、各种住户阶层共处的整合居住社区"。美国国会在 1949 年《住宅法》的导言中宣称"要使全美人民都有一个像样的家和合适的居住环境,从而促进社会的发展,并实现全民族的成长、富裕和安全"。新加坡住房政策的基本目标是"使全民都拥有使他们引以自豪的住房"。

建设部政策研究中心 2004 年发布了《2020:我们住什么样的房子——中国全面小康社会居住目标研究》,从住宅数量、住宅质量与品质、住宅配套设施、居住环境与服务和居住消费等 5 个方面提出了 21 项指标,其中指出 2020 年我国城镇最低收入家庭人均住房面积达到 20 平方米,最低收入家庭的住房保障实现"应保尽保",保障面达到 98% 以上。这一研究在住宅建设方面提出了中长期发展指标。

在现阶段城市住房价格不断上涨,保障性住房供需矛盾突出的背景下,为促进保障性住房的建设和发展,需要尽快制定住房保障的长期发展目标,包括以下内容:③

① 健全和完善住房保障体系,使所有家庭获得卫生、安全、能够满足基本生活需要的

---

① 焦怡雪. 城市居住弱势群体住房保障的规划问题研究[R]. 北京:北京大学环境学院,2007.

② 王承慧. 转型背景下城市新区居住空间规划研究[D]. 南京:东南大学建筑学院,2009.

③ 2004 年 11 月建设部政策研究中心发布了《2020:我们住什么样的房子——中国全面小康社会居住目标研究》,指出届时我国城镇人均居住面积将达到 35 平方米,城镇最低收入家庭人均住房面积将超过 20 平方米。

适宜住房；

②　住房保障的水平与标准应与我国经济社会发展水平相适应，保障性住房保障标准应达到社会住房平均水平的60％，使居住弱势群体同样能够分享发展成果；

③　促进保障性住房与其他商品住房的混合建设，在城市中均匀配置保障性住房，加强社区建设，形成各收入阶层整合共处的和谐住区。

B. 制定保障性住房建设阶段性实施规划

住房消费具有长期性、持久性的特点，不同的经济发展阶段，各类收入的人群对于住房消费的情况也会有所不同。很多国家和地区在公共住房发展中，都采取了阶段性实施规划的方式，针对当时社会经济发展水平和住房状况，按照国家和地区有关政策和法令提出的住房发展总目标制定住房建设实施规划。新加坡采取了住房建设的五年计划方式，从20世纪60年代开始实施，建设重点从早期的"居者有其屋"到后来的全面提高居住质量，逐步实现了使90％以上的国民获得公共住房的目标。中国香港则采取了长期计划和特定计划相结合的方式，从20世纪70年代开始实施"十年建屋计划"，同时根据公共住房发展建设的需要，提出"居者有其屋计划""租者置其屋计划"和"可租可买计划"等有针对性的公共住房建设发展计划。

从其他国家和地区的公共住房的分期发展规划或计划的实践来看，它们具有明显的阶段性渐进发展的特点，都是从最初的解决大量住房需求到逐渐提高居住水平的过程，也是住房保障长期目标的逐步实现过程。根据不同阶段的发展要求和能力，制定保障性住房的阶段性目标和实施规划，长期持续建设是逐步实现住房保障的长远目标的有效途径。2006年5月国务院发布了《国务院办公厅转发建设部等部门关于调整住房供应结构稳定住房价格意见的通知》（国办发〔2006〕37号），要求"各级城市（包括县城，下同）人民政府要编制住房建设规划，明确'十一五'期间，特别是今明两年普通商品住房、经济适用住房和廉租住房的建设目标，并纳入当地'十一五'发展规划和近期建设规划"。这表明我国已经开始以阶段性发展规划方式推进保障性住房建设和发展的进程。从各地编制的住房建设规划情况来看，目前在编制要求、编制内容和编制标准等方面还有待于进一步规范。建议采取以全国保障性住房建设阶段性目标为指导，各城市因地制宜确定具体实施措施的方式来兼顾实施规划的刚性和弹性。

以南京为例，由于随着近年来住房价格的快速上涨，无法通过市场途径改善住房条件的居住弱势群体数量增加，保障性住房供需矛盾突出。因此，近期保障性住房建设的阶段性目标应该侧重于增加保障性住房供应总量，缓解供需矛盾，每年的保障性住房供应量不应低于新增住房总量的25％。随着未来房地产市场的发展和人民收入水平的提高，可根据需要逐步调整保障性住房的供应比例，使保障水平与社会、经济发展水平相适应。

（3）在分区规划层面，进行保障性住房建设专项规划，注重与城市各类规划的衔接

A. 进行保障性住房建设专项规划

住房建设规划和年度住房建设计划着力点是城市总体层面的指导，缺乏地区操作层面的指导性，分区保障性住房专项规划可以弥补这一缺失。基于分区层面的规划，不仅可使相关调查更具针对性，而且便于与控制性详细规划衔接，从而落实到地块的具体控制，确保保障性住房建设。同时，可以立足于分区层面整体协调保障性住房建设，结合分区特定的社会经济发展情况和土地、环境等综合承载能力建设强度和土地供应量。[①]

---

① 保障房圆安居梦　三年解决1 200多万城镇家庭住房困难[EB/OL]. (2014-01-15). http://www.gov.cn/jrzg/2014-01/15/content_2567135.htm.

与发达国家目前普遍提倡由社区和非营利机构驱动社会住宅建设不同,中国国情决定了保障性住房专项规划只能自上而下组织进行,但必须结合社会发展进行相应的空间规划,重视人口社会属性的考虑,在整合现有资源基础上确保社会经济的协调发展和持续发展,以避免问题积累从而增加日后整治协调成本。其规划期限不宜长,宜与近期5年建设规划期限同步。规划期限过长,有一些规划用地在远景中较好的条件在近期可能无法形成,同时规划存在的变动因素增多,如果近期选择这些用地,其可持续发展并不能得到保证。其次,对近期建设中涉及的各类城市建设导致保障性住房需求量的预测将更准确。保障性住房规划除了根据建设量需求预测和土地资源等条件确定土地供应量以外,还要明确选址、规模和配套。因此,保障性住房建设规划应是涉及多层次的专项综合性规划。

以合理进行空间资源分配为主旨的城市规划虽然已经具有一定的探索和突破,但直接影响居住社会空间格局的法定规划体系仍然几乎处于失语状态,对保障性住房的建设起到的指导作用极其有限。国外相关实践的经验与教训表明,保障性住房的规划不是规划体系的某一个层级就能解决的,既涉及宏观层面的综合发展战略,又涉及中观层面的社区发展支持,还涉及微观层面的针对性设计。继续加强宏观层级的保障性住房建设规划研究,对近期保障性住房建设予以准确调查和预测,包括基于住房状况调查获取低收入住房困难户的数据,以及基于城市建设推进的拆迁导致的经济适用房和拆迁安置房的数据;并在新区整体层面上进行保障性住房的选址研究。在中观层次上对保障性住房的规划布局进行研究,明确控制性详细规划应对各类保障性住房的区位选择与规模确定予以空间上的落实,与经营性土地储备相衔接,并与综合性社区规划相结合;对已建成区域的研究与社区建设规划相结合,有效应对已经出现的问题,促进社区环境、社区公共设施的持续改善和发展。微观层级的详细规划根据土地集约利用原则,研究被保障人群的居住需求,对住宅设计、公共设施设计、环境设计做针对性的规划研究。

B. 注重与城市各类规划的衔接

住房建设规划(Housing Program)是通过对城市住房建设总量、结构、保障规模、时序安排等实施规划,合理确定各类住房的建设规模,科学安排建设用地,调整住房供应结构,引导资源节约型住房消费,满足广大居民的住房需求,促进房地产业平稳健康发展。住房建设规划的这些内容必须通过城市规划的技术手段才能实现,由于城市规划各阶段各类型的工作重点不同,住房建设规划侧重在目标、指标、时序等方面与城市规划各类型进行衔接。对城市总体规划侧重在目标上的衔接,城市总体规划通过预见未来城市发展中的住房需求,确定各类居住用地较为合理的建设标准和空间布局,为住房建设规划的滚动修编提供明确连贯的目标、科学合理的建设标准和居住用地的空间布局。对控制性详细规划侧重在指标上的衔接,控制性详细规划应通过规定居住用地的住宅建筑套密度和住宅面积净密度等强制性指标,保证居住区修建性详细规划中各类套型住房的数量和建设标准,推动住房建设规划的实施。对近期建设规划主要在时序上的衔接,近期建设规划要"确定近期居住用地安排和布局",在编制中我们通过设立项目库与年度实施计划与"十一五"规划对接,特别是经济适用房等政策保障性住房在近期建设规划中的项目年度实施计划。

(4)加强保障性住房建设规划的组织,完善规划实施的配合机制

A. 加强保障性住房建设规划的组织①

---

① 保障房圆安居梦 三年解决 1 200 多万城镇家庭住房困难[EB/OL]. (2014-01-15). http://www.gov.cn/jrzg/2014-01/15/content_2567135.htm.

目前,大部分地区的保障性住房建设只是城市住房建设规划的组成部分,一般是由房产部门牵头。由于项目涉及范围大且房产管理部门缺乏空间观念,较多关注建设量的测算和基于经济测算的具体建设运作而忽视保障性住房选址和规划布局。

由于保障性住房的复杂性,理想的制度是设立专门机构对其规划、建设、管理予以组织、指导和协调,如中国香港房屋委员会及房屋署所担负的职责是香港公屋建设取得重大成功的保证。通过专门机构的专职工作,保证规划所获取的信息建立在多方组织单元的有效沟通基础上,这些组织单元包括政府、政府各职能部门、各功能区主管单位、社区、民众、规划设计单位等,又能够在利益冲突时担负起协调作用,并成为民意上传、政策下达的中间桥梁。那么,在目前缺乏这样的专门机构的情况下,保障性住房建设规划宜由政府出面组织,由具备空间视野的规划部门牵头,房产、土地、各功能区主管部门等积极配合。其中,政府必须有建构和谐社会的发展观念,规划部门则会同规划设计单位通过组织深入细致的规划研究、运用相应的技术方法来解决具体的规划问题。

B. 完善保障性住房建设规划实施的配合机制

保障性住房建设规划与总体规划、近期建设规划等相衔接,恰当的布局使得居住、就业、交通、公共设施配套等方面具备相互支撑、共同推动被保障人口可持续发展的可能。但是,具备这种可能,并不意味就能够成为现实,规划成功实施尚需要相应的配合机制。规划实施过程中,尚需部门联动推进保障性住房城市环境的支撑性,包括交通系统的持续完善、公共设施的及时兴建,以及经营性土地的储备投放的时序跟进,方能落实避免排斥和隔离的规划目标。因此,在政府的协助下,建设部门联动机制十分必要。例如,对于失地农民的安置问题。在规划编制时,坚持新区规划与就业规划相结合,尽可能多地提供就业场所,创造条件引导和鼓励群众自谋职业、自主经营:通过成立清洁公司、园林绿化公司、物业管理公司、保安公司、综合执法队等,形成区内就业安置平台,使区内劳动力得到逐步安置。另外,保证新区范围内拆迁居民全部回迁,同时配套建设小学、幼儿园、农贸市场等公共设施,在开发初期即能集聚一定的人气。因此,相应的配合机制应包括——就业支持、教育配套、交通支撑、其他公共设施和基础设施配套。建立沟通和协商机制,主管部门制定相应行动计划与规划部门一起促成保障性住房建设实施,获得较好社会效益。

此外,还需建立保障性住房规划实施及社会效果跟踪研究机制。城市发展是动态的,在城市不断发展的过程中,可能出现预料不到的问题。建立保障性住房规划实施及社会效果跟踪研究机制,可以及时归纳总结规划建设中的成绩与不足,应对可能出现的新情况,适时调整规划,采取应对策略。

7.1.3 完善的质量和建设标准体系

(1) 以经济性和合理性作为基本原则

经济性和合理性始终是贯穿保障性住房建设全过程的基本原则。例如,住宅区规划主要受两方面因素的影响:第一,是对有限土地资源的优化使用。第二是为居民提供比其原有居住条件更好的居住环境。保障性住房单元和组合体的设计也主要受两个方面因素的影响:一方面是尽可能地降低住宅造价,以适应住户的购买力,保证政府补贴的合理性;另一方面是使住房的居住水平保持在与整个社会、经济发展水平相适应的合理水平上。总之,由于保障性住房受政府投资和补贴量以及居民收入水平的双重限制,规划设计应该非常经济,同时还要在居住和生活质量上有所提高。

为充分体现保障性住房规划设计的经济性和合理性,还需解决好以下两方面问题:

A. 形成保障性住房独立的居住标准,包括居住区规划和设计两类标准,前者如居住密度、住宅间距、配套设施标准等;后者如最小房间尺寸、套内面积标准、住宅性能标准和住宅设备配置标准等。

B. 在上述规划设计标准基础上,形成系列化的住宅单元标准设计及其组合体标准设计,以及居住区和居住组团布局的一些常用手法。在新加坡和中国香港地区的公共住房规划设计的实践中,形成系列化的规划设计和标准设计被证明是极其有效的方式。这主要包括:

① 保障性住房的规划设计标准与国家或地区的经济、社会发展密切相关,并随其发展而改善;

② 针对不同收入的居民,各种保障性住房的规划设计标准有所不同;

③ 保障性住房设计往往在各种设计标准的基础上进一步形成标准设计系列,包括住房单元设计系列和各种单元组合体的设计,这一系列标准设计形成一套满足住房的居住性、舒适性和安全性的通用体系,并形成社会范围内的通用产品。

(2)完善保障性住房规划设计标准

保障性住房的规划设计、建筑设计需要有完善的并与国家或地区经济、社会发展水平和中低收入居民收入水平相适应的,随着经济、社会发展水平及居民收入水平逐步提高的标准。经济性与合理性是经济适用房建设全过程遵循的基本原则。包括,经济适用房小区规划首先应该做到对有限土地资源的优化利用;其次,为中低收入阶层提供与其支付能力相适用的经济、合理的住宅。经济适用房的规划、建筑材料的选择、施工技术的应用等诸环节应该把降低工程造价、保证政府补贴的合理性作为首要问题(田东海,2000)。为了保证保障性住房规划设计的合理性和经济性,防止超标准开发,必须建立保障性住房独立的开发标准(居住标准),这些标准涵盖了住区规划和住宅设计两方面内容,住区规划包括居住密度、建筑物间距、容积率、绿化率、配套设施标准等;住宅设计标准包括套面积标准、住宅性能指标、房间数目、厨卫面积指标、设备配置标准等。当前,在进行经济适用房和廉租住房的开发中,由于没有保障性住房居住标准和建筑标准作为参考和控制指标,保障性住房的开发主体在经济适用房项目策划时,往往借鉴商品住宅项目的运作经验而导致目标群体错位。[①]

新加坡等国家的公共住房建设中,其标准设计也是随着政府公共住房政策的不断加强而逐渐完善:从非自足单位到自足单位,自足单位的面积和房间数不断增加,设施和装修标准不断提高,最终形成多种套型(单元类型)的系列化设计。中国的住宅发展随社会和经济的发展变化也经历了曲折的过程,随着我国住宅产业政策的发展和新的公共住房发展计划的制订和实施,自20世纪90年代以来住宅规划设计标准正在不断完善。小康住房标准的提出和住宅科技产业化发展目标的确定都是住宅向商品化、产业化发展方面有益的进步,住宅规划设计和建设如何能更好地适应我国公共住房政策目标需要至少做好以下几方面的工作:[②]

A. 建立以家庭收入和家庭结构为基础的保障性住房单元系列标准设计,满足基本居住需求为基本原则。

B. 参照国际上20世纪八九十年代住房标准发展经验形成的新的住房单元设计标准,与现有旧公共住房存量的原有标准相联系,共同形成现实的保障性住房标准设计系列,以作为保障性住房分配的现实基础。

---

① 田东海.住房政策:国际经验借鉴和中国现实选择[M].北京:清华大学出版社,1989:113.

② 叶裕民.中国城市化之路——经济支持与制度创新[M].北京:商务印书馆,2001:153.

C. 保障性住宅区的规划标准针对住宅区的土地状况、居住对象等更具弹性,以保证居民的居住环境得到改善,尤其是在城市旧区的改造中更应强调这种弹性。

（3）逐步形成设计、建造的工业化、标准化

借鉴欧美各国和新加坡、日本等亚洲国家和地区的经验,南京市保障性住房建造推广采用工业化和标准化的方法,并逐步发展形成住宅产业以降低成本,提高建设速度和质量,适应我国仍处于住房短缺阶段的现实。

从保障性住房建造方面来看,为了实现住房建设的高速度、高质量和高效益,形成住房建设的工业化、标准化体系是至关重要的。保障性住房在形成住宅设计通用体系的基础上,应进一步形成住宅建设的工业化和标准化体系,包括:

① 住宅建筑材料和部件生产加工的工业化和规格的标准化;
② 住宅结构体系和结构构件的标准化和工业化;
③ 与各种结构体系相应的施工方法的工业化。

从实际运用的角度来看,保障性住房规划设计的标准化和建设的工业化、标准化,最终可形成在一定时期内以城市或区域为范围的标准化住宅通用产品,实现施工建造的工业化和标准化。保障性住房建设的工业化和标准化的最直接效果是施工周期的缩短和成本的降低,并能尽快实现施工组织的标准化和专业化,确保保障性住房高速高质量地建造起来,实现保障性住房建设数量和质量的双重效益。实践证明,保障性住房通用体系的建立是保障性住房建设的重要而有效的措施。

7.2 保障性住房的建设标准探讨

7.2.1 合理确定建设比例

保障性住房的建设比例是其保障覆盖水平在城市空间资源分配中的具体体现。合理的保障性住房的建设比例基于坚持适度保障原则以寻求供给与需求的平衡发展。

（1）南京市住房保障总体适度水平模糊

南京市在国家总体住房供给体系背景下已经建立并实施了针对低收入家庭的廉租住房制度和经济适用房制度。然而,具体南京市需要投入多少资金,提供多少土地等方面没有一个清晰的区间,即住房保障总体适度水平模糊。住房保障支出缺乏一个根据本地实际,制定和实施的长期发展计划,缺乏保持规划的连续性和适度超前,导致保障性住房建设有一定的随意性。

A. 经济适用房户型偏大,受益对象错位

已建经济适用房套均面积为89.58平方米,按户均3人,则户人均建筑面积为29.86平方米,与南京市人均住房建筑面积持平,从这个角度来说住房保障面积过大,对于未享受经济适用房政策的居民来说不公平。另外,经济适用房实际受益人群主要是拆迁安置户,扣除这部分人群消化掉的房源,所剩经济适用房所占比例极少,因此经济适用房实际覆盖面不高。

B. 廉租房覆盖面窄,房源紧缺与空置并存

南京市自2004年至今投资1亿元购建了1 000套廉租房,1 000套廉租房源仅占月收入500元/人以下、使用面积8平方米以下居民户数的19%,房源相当紧张。然而,事实上享受实物配租的户数仅为514户,还有486套未分配。主要原因是廉租住房政策宣传困难,居民对政策不了解,以及廉租房位置偏远、生活成本高、居民不愿意入住等。

（2）坚持经济可行性原则（适度保障原则）

住房社会保障是国家和社会有组织地运用经济援助的手段，解决社会成员的住房保障需求，这就使得其必然要与当时当地的社会经济状况相适应。经济可行性主要是指住房保障制度要能实现住房资金、人力和资源的合理配置，并使住房保障计划与国家经济能力和住房消费者支付能力相适应。相对应地，住房保障制度的经济可行性包括两方面：

表 7-1　2015 年南京市保障性住房准入资格

住房类型	保障方式	保障对象	建筑面积标准	基本条件
廉租房	租赁补贴	低收入住房困难家庭		申领租赁补贴的家庭应同时具备下列条件：①有本市市区城市常住户口满 5 年；②人均月收入在规定标准（2015 年度为人均 1 000 元）以下；③人均住房建筑面积在规定标准（2015 年度为人均 15 平方米）以下
	实物配租	低保户	2 人及 2 人以下户控制 40 平方米左右，3 人及 3 人以上户控制在 50 平方米左右	申请实物配租的家庭在满足租赁补贴规定条件外，还应同时具备下列条件之一：①连续享受城市最低生活保障 2 年以上，且无房；②年满 60 岁的孤老；③持有《中华人民共和国残疾人证》的一级残疾人
		特困职工		申请实物配租的家庭在满足租赁补贴规定条件外，还应同时具备下列条件之一：①企业中无房且持有市总工会核发的《特困职工证》的特困职工家庭；②市级以上劳动模范人均住房建筑面积在 17 平方米以下的；③经市政府认定的其他住房困难家庭。（指成年孤儿、落政户等）
	购房补贴	低收入住房困难家庭	不限	符合条件的低收入住房困难家庭在购买商品住房、二手住房及房屋使用权时，可以申领保障性购房补贴。补贴金额按照保障面积标准与被保障家庭人均住房建筑面积之间的差额、每人每平方米补贴 720 元标准计算
经济适用房	购买	低收入住房困难家庭	建筑面积控制在 60 平方米左右，其中 1 人户控制 40 平方米；2 人户控制在 50 平方米左右	申购经济适用房的家庭应同时具备下列条件：①具有本市市区城市常住户口满 5 年；②人均月收入在规定标准（2015 年度为人均 1 000 元）以下；③人均住房建筑面积在规定标准（2011 年度为人均 15 平方米）以下
		国有土地上被拆迁家庭		购经济适用房的家庭同时具备以下条件：①具有本市市区城市常住户口；②货币补偿金额在当年规定的标准金额（2015 年 35 万元）以下；③同户籍家庭成员人均年收入在上年度本市人均可支配收入标准以下；④本市他处无住房
		集体土地上被拆迁家庭		申购经济适用房的家庭同时具备以下条件：①具有本市常住户口；②符合申购经济适用住房条件的，以房屋拆迁补偿款（原房收购款、购房补偿款、区位补偿款三项之和）申请购买经济适用住房，使用除拆迁补偿款以外资金不得超过 10%

住房类型	保障方式	保障对象	建筑面积标准	基本条件
公共租赁房	租赁	中等偏下收入住房困难家庭	住宅和宿舍两类,房源和房型多样化	申请公共租赁房的家庭同时具备以下条件:①具有本市市区常住户口满5年;②家庭人均年收入低于上年度市区人均可支配收入的80%(2015年为1 700元以下);③人均住房建筑面积在保障标准(2015年为15平方米)以下。注:年满三十五周岁的单身人员可以作为独立家庭进行申请。
		新就业人员		申请公共租赁房的家庭同时具备以下条件:①中专院校毕业当月起计算未满五年;②劳动合同或聘用合同规范、完备,并有稳定收入;③在本市正常缴存社会保险和住房公积金;④本人(含配偶)在本市无私有房产,未租住公有住房。
		外来务工人员		申请公共租赁房的家庭同时具备以下条件:①签订了劳动合同或聘用合同;②有固定收入并有支付能力的证明;③在本市连续五年缴纳社会保险;④本人及配偶在本市无私有产权房,未租住公有住房。

资料来源:廉租住房相关资料来源于《南京市廉租住房保障实施细则》(宁政发〔2008〕116号);经济适用住房相关资料来源于《南京市经济适用住房管理实施细则》(宁政发〔2008〕116号);公共租赁房相关资料来源于《市政府关于印发南京市公共租赁住房管理办法的通知》(宁政发〔2011〕209号)

一是政府财政承受能力。住房保障具有刚性增长的特征,在实践中表现为保障水平只能上、不能下,从而使保障规模不断扩大,保障支出亦不断膨胀,这种趋势愈快,政府的财政压力就愈重。例如西方各国已经陆续对公共住房制度进行改革,以减轻其日益加重的财政压力。二是指住房保障制度的效率性,着重于利用和分配住房资源的效率性、合理性。住房保障制度的经济可行性显然是住房保障制度与住房市场相结合的产物,也是住房保障与国家宏观经济政策相联系的纽带。

南京处于城市化水平较快发展时期,住房市场供不应求,住房紧缺现象较为严重,其中主要表现为居住面积不足和设施不齐全。随着危旧房改造、棚户区改造等城市更新项目的推进,近年来危险房屋和设施不齐全的房屋所占比例将呈下降趋势。但随着部分住宅设施老化、城镇家庭平均住房水平提高和大量新增城市人口的出现,可以认为近期住房不能满足居住需求的家庭比例难以快速下降。

(3)从住房需求角度界定住房保障对象

根据居民家庭收入、消费性支出占可支配收入比例、商品住房价格、经济适用房价格确定经济适用房和廉租房的收入线。

表7-2 2010~2016年人均消费性支出占人均可支配收入的比例

年份	2010	2011	2002	2013	2004	2015	2016
人均可支配收入	28 312	32 200	36 322	39 881	42 568	46 104	49 997
消费性支出/可支配收入	64.13%	64.48%	64.68%	64.31%	60.74%	60.29%	60.90%

资料来源:南京统计年鉴

2010～2016 年南京居民消费性支出占可支配收入的比例逐渐减少,2016 年该比例为 60.90%,说明在不影响目前生活水平的情况下,可支配收入的 40% 可用于购房或租房。一般情况下,中等及以上收入家庭均有一定的能力购买商品住宅,而中等偏下收入家庭仅能支付江宁、浦口等位置较偏远区域 60 平方米以下住房。考虑部分中低收入家庭有一定支付能力,若可支配收入的 30% 用于购房,而根据前文分析人均最小居住面积为 16～18 平方米,因此购买 50 平方米,2016 年第四季度南京经济适用房(安置房)上市指导价格为 6 500～10 000 元/平方米,因此,将经济适用购买下限(廉租房收入上限)限定为 1 513 元/月。[①]

7.2.2 独立与分散相结合的建设方式

(1) 现有独立集中建设方式加剧低收入群体的空间集聚

我国保障性住房的新建以经济适用房为主,绝大多数建设方式为独立集中建设,混合建设较为少见。2007 年 6 月,南京市曾出台了《关于中低价商品房建设与销售管理实施意见的通知》,其中规定,自 2007 年 7 月 1 日起,主城区范围内明城墙外出让面积在 5 公顷以上的经营性居住用地中,原则上应配建 10% 左右的中低价商品房。然而,仅在 2007 年有两个楼盘配建了中低价商品房,分别是位于下关的依山郡和云谷山庄。虽然建成经济适用房小区数量已经超过 70,却都采用了独立集中建设的方式。住宅建筑面积 50 万平方米以上的居住区超过 10 个,其中春江新城、岱山和莲花村三个小区规划建筑面积分别达到 100 万平以上,是规划居住人口在 3 万～5 万人之间的大型社区,属于典型的独立集中建设方式。

由于保障性住房的主要供应对象是城市的低收入群体,建设方式的选择会对不同收入群体的居住空间分布带来影响。从表面看,在城市的某些地方划出特定区域集中建设保障性住房便于操作实施。在另一方面,这种集中建设的方式会加剧低收入群体的空间聚集现象,强化不同社会阶层在空间上的分化。例如上海外环线附近,政府重大工程动拆迁中低价拆迁商品安置房基地已经成为低收入群体居住的主要区域之一。[②]

同时,由于受到地价、利润限制、开发升值预期等因素的影响,集中兴建的经济适用房大多选址于城市边缘地区。经济适用房的供应对象是城市中低收入群体,受到经济条件限制的他们对公共交通的依赖性很大。近年来在主要公共交通走廊沿线安排经济适用房已成为普遍的做法。但是,由于经济适用房大部分选址于城市边缘地区,而城市大多数就业岗位仍集中于城市内部,造成大量通勤交通,同时普遍通勤路途时间较长,使中低收入群体的通勤成本增加、通勤满意度下降。此外,与城市内部相比较,城市边缘地区就业岗位相对较少,各项配套服务设施不完善,社会文化生活贫乏,属于质量较差的城市空间资源,对于中低收入群体而言,无异于使其本已处于弱势地位的社会资源占有量进一步下降。

(2) "大分散、小集中"的建设方式,促进混合社区发展

保障性住房混合建设的目的是促进居住融合。居住融合,不仅仅是不同阶层人群在单纯物质空间上的混合居住,同时要在不同阶层群体间建立广泛的社会交往和社会联系,形成群体间的社会整合。因此,强调各类人群的混合居住可以有效提高社会的稳定性。

---

① 南京市房产局课题"住房保障体系:住房保障适度水平和保障模式研究——以南京市为例"相关资料。
② 杨上广.中国大城市社会空间的演化[M].上海:华东理工大学出版社,2006:33.

减少居住隔离、促进居住融合在很多国家已成为住房政策的重要目标。新加坡的具体做法包括：组屋区内穿插建设私人物业，由于新镇的配套优于其他地区，对于新镇内的私人物业也是十分有利的条件；组屋区内应提供多种类型的住宅，以保证各种经济收入的人与各种年龄人的需求；在同一邻里组团，每一栋组屋楼内只能有不超过两种相邻的房型。而在日本，则根据建造用地区域和可取得用地范围的不同，距离市中心区较远的区域采取一定规模的集中布局，距离市中心区较近的区域则采取点式的分散布局，同时根据具体情况灵活应对，但十分重视交通的便利性。

对于住房混合建设模式的实际操作，一般认为主要的问题之一正是在于低收入阶层居民与其他收入阶层居民由于社会经济地位、生活方式方面存在差异而存在着相互之间的心理排斥。居住融合能否实现还取决于不同社会群体之间差异的程度，尽量避免强行要求收入差距过大的群体混合居住可以避免产生新的社会问题。

研究表明，高收入家庭收入水平不超过低收入家庭的 4 倍时，居民之间的冲突和紧张的关系容易得到缓解。[①] 根据 2005 年城镇居民家庭按收入等级分组的统计数据[②]，以最低收入户人均可支配收入为基数 1 计算，低收入户、中等偏下户、中等收入户、中等偏上户、高收入户和最高收入户的人均可支配收入，分别为 1.56、2.14、2.93、4.02、5.49、9.18。可以看出，目前除高收入户和最高收入户外的中、低收入家庭之间，收入差距仍在合理范围内，具备混合居住的条件。另一方面，在较长时间的计划经济时代中，中国城市居民收入差别较小。80 年代后，随着经济体制改革的深化，收入差距拉大，低收入群体增多。在这一过程中，城镇贫困人口的构成主体从传统的救济安抚对象，转移到由于体制转换、结构调整等原因造成劳动机会丧失而失去收入来源的"下岗人员及其家属"。[③] 整体来看，中国城市低收入群体出现时间较短，大多受过中等教育并曾在国有企事业单位就业且有一定文化素养，并没有出现西方所谓的"贫困文化"。应该说，低收入群体与中等收入群体在生活方式、社会心理方面不存在突出的差距和矛盾，易于建立社会联系。

因此，现阶段应致力于促进低收入群体与中等收入群体的居住融合，保障性住房混合建设的对象也相应地以中低价位的普通商品住房为主。

（3）混合建设的可行性

依据发达国家的经验，居住隔离可以通过政策和规划等多种手段进行调节。从中国国情来看，在现阶段通过保障性住房的混合建设来促进居住融合，具有三方面的有利条件。

A. 尚未形成明显的居住隔离

虽然出现了明显的城市居住空间分异，但总体上城市居住空间模式仍然表现为：无论是在郊区还是城区，中高收入居住区和贫困居住区都有分布，且在空间上彼此临近，在城市尺度上尚未形成明显的居住隔离，[④]与欧美国家的富裕郊区与衰败内城区之间的居住分化和隔离具有本质区别。在现阶段，在城市居住空间的分异格局尚未完全形成之际，通过保障性住房与其他住宅的混合建设，促进不同收入阶层的居住融合，能够比居住分化与隔离真正带来负面社会影响时再去解决，要节省更多的经济和社会成本。

---

① 单文慧. 不同收入阶层混合居住模式——价值评判与实施策略[J]. 城市规划，2001(2):26-29.
② 中华人民共和国国家统计局. 中国统计年鉴(2006)[M]. 北京:中国统计出版社,2006:256.
③ 张鸿雁. 侵入与接替:城市社会结构变迁新论[M]. 南京:东南大学出版社,2000:62.
④ 刘玉亭. 转型期中国城市贫困的社会空间[M]. 北京:科学出版社,2005:81.

B. 具有混合居住的社会基础

中国曾在较长的时期内实行计划经济体制和实物福利分房制度,城市居住空间以单位制为基础,在住房分配上重视公平性。这种居住空间模式形成了不同身份地位人群混合居住的异质化社区,目前城市中仍有大量这样的社区存在。因而,在人们的居住观念中还没有形成国外不同社会阶层间的社区排斥思想,混合居住模式推行所遇到的社会阻力要小得多。

C. 国家房地产调控政策带来的契机

2006 年 5 月发布的《国务院办公厅转发建设部等部门关于调整住房供应结构稳定住房价格意见的通知》(国办发〔2006〕37 号),要求"自 2006 年 6 月 1 日起,凡新审批、新开工的商品住房建设,套型建筑面积 90 平方米以下住房(含经济适用住房)面积所占比重,必须达到开发建设总面积的 70%以上"。这一规定的出台,使城市新建居住区将在住房类型和户型上走向多样化,为保障性住房混合建设方式的形成带来了潜在的条件和物质空间基础。

(4)混合建设的应对策略

A. 转变用地供给方式

目前集中兴建的保障性住房以经济适用房为主,根据《经济适用住房理办法》(建住房〔2004〕77 号),经济适用住房的建设用地实行行政划拨方式供应免缴土地出让金。各城市在实际操作中,主要采取划分经济适用房独立地块进行开发建设的方式。为提高城市土地经济效益,这些地块多位于地价低廉的城市边缘地区。这种操作方式,使低收入群体难以在城市空间资源分配中受益,在客观上使经济适用房等保障性住房与其他商品住房在用地空间上形成分隔。

为缓解城市居住空间分异加剧的趋势,需要转变现有的保障性住房用地供给方式。可以考虑借鉴国外的经验,在普通商品住房项目中强制要求建设一定比(如 20%～60%)的保障性住房,同时依照现有政策,按保障性住房建成面积比例给予减免土地出让金、行政事业性收费和城市基础设施配套费等优惠政策,这是在现有政策框架下较为可行的一种做法,通过用地供给方式的改变,能够在土地的基础性要素配置方面,为保障性住房混合建设方式的实现提供有力保障。

B. 同质下的多样化户型

混合建设项目中不同类型住宅的物质整合非常重要,保证在建筑外观和建设质量上不存在差别。社区环境中保障住房和普通商品住房统一建设,可以避免因社区局部空间环境品质的下降而失去对中等收入群体的吸引力,也不会使低收入群体因住房的明显差别而产生自卑感,有利于减少不同群体间的距离。多样化的户型设计是满足不同收入群体居住需求的关键。保障性住房是带社会福利性质的住房,目的是满足低收入群体的基本居住需求,户型设计以小户型为主,不宜过大;商品住房主要根据市场需求合理确定各种户型比例。多样化的户型设计增加住房选择的可能性,是混合居住社区形成的物质基础,也可以降低开发商的市场风险,增强保障性住房混合建设方式的市场可行性。

C. 加强社区建设,促进居住融合

保障性住房混合建设目的是促进低收入群体与中等收入群体的居住融合,以在社区层面上实现不同收入群体间的社会整合。

首先要在物质空间层面上为社区居民交往与整合提供条件。在居住区规划中,重视日常交往空间的设计,充分考虑社区内不同群体之间交往与沟通行为的空间要求,提供公共、半公共、半私密的多层次交往空间。同时,在社区建设中应充分利用社区资源,强化社区功能以丰富的社区活动为载体,建立和发展社区网络以促进居民之间的接触、沟通和交流,鼓励居民积极参与社区事务以培育共同的社会观念和行为模式,缩小居民间的社会距离,增进居民的社区归属感,形成具有内聚力的和谐社区。

7.2.3　满足基本居住需求的建设标准

保障性住房是带有社会福利性质的住房,建设标准与形态需符合社会福利性质,在开发建设中也需要遵循土地利用最大化的原则。保障性住房的面积标准首先不能照搬商品房小康标准,更不能超过目前的人均住房面积。控制保障性住房的建设标准(包括控制面积,控制其开间和进深低于舒适性标准)对于有效利用社会资源、保证保障性住房政策的可持续执行是至关重要的;同时还可以避免保障性住房进入市场和产生赖居现象,鼓励有能力者通过商品房市场来获得舒适性的居住环境,让保障性住房真正成为公民人生中的生存保障和起点。

(1)以兼顾公平与效率,防止福利依赖为原则

住房保障是社会保障的组成部分,其保障标准的确定要与现阶段的经济发展水平相适应,既要有利于促进社会公平又要保证效率。社会保障的资金来源是企业与个人所缴纳的税收。保障水平高有利于社会公平却加重税收缴费、特别是企业的缴费负担,加速资本对劳动的替代,不利于扩大就业,也不利于调动低收入劳动者的工作积极性。保障水平低,虽然有利于体现效率却又难以维持人口再生产和生计所需,不利于社会稳定。总体来说,保障水平过高会对经济增长产生不良影响,过低不利于社会稳定,其标准的确定必须要坚持兼顾公平与效率的原则。[①]

中国是发展中国家,人口众多,经济发展水平还比较低,社会积累的物质资源有限,与此同时贫困群体、弱势群体又有不断扩大的趋势。在收入水平还较低的历史阶段,将保障标准定得过高,可能会损害经济的长期增长、就业的扩大和收入最终趋于平等的进程。不仅如此,从社会保障的内在规律看,福利待遇具有易增不易减的刚性特征,即使经济增长不可避免地出现波动,福利支出也会因其刚性特征而难以随经济波动有所增减。此外,过高的福利水平还会产生"福利依赖"而影响人们的主观能动性和进取精神。因此,我国现阶段的社会保障不能够盲目超越实际追求过高的保障标准,当以解决基本生活保障为目标。

确定适度的住房保障水平不仅是由我国经济发展水平和国家财力所决定的,而且也是住房分配货币化和培育住房市场的内在要求。因此,保障住房应当是仅以满足基本居住需要为目的,其面积标准也应控制在较低水平上。这样,既可以为居住弱势群体提供基本住房保障,也可以促使有经济能力的群体通过市场途径去寻求能满足更高舒适程度的住房,而避免他们分享有限的保障性住房资源所造成的对居住弱势群体的挤出效应。

(2)目前我国保障性住房面积标准基本合理

到现在为止,关于住房的面积标准并没有从满足人类的健康需要出发制定的最小居住面积标准。一些国家从实用和经济角度提出过相应的标准,主要用于受政府补贴的住房建设和作为房租补贴的依据。世界健康组织(World Health Organization, WHO)住房公共健康专家委员会指出:为住户提供安全、结构坚固、合理维护和独立自足的住房单元,是健康居住环境的基石之一。每一个住房单元至少应提供充分的房间数、建筑面积和体积,以满足人类的健康需求和家庭的文化、社会需求,确保起居和卧室不过度拥挤。

---

① 焦怡雪.城市居住弱势群体住房保障的规划问题研究[R].北京:北京大学环境学院,2007.

为此,最低程度的私密性要求保证每个家庭成员在家庭中的个人私密性要求,和整个家庭不被外界干扰的家庭私密性要求;房间的分割要求除夫妻之外的异性青少年和成年人分室居住。世界健康组织欧洲地区机构提出人均的最低居住面积为 12 平方米。按照75%得房率,即居住面积乘以 1.33 的换乘系数,得到人均建筑面积 16 平方米。国际家庭组织联盟(International Union of Family Organization, IUFO)、国际住房和城市规划联合会(International Federation of Housing and Town Planning)于 1958 年也从"居住面积"概念出发,联合提出了欧洲国家的住房及其房间统一的最小居住面积标准建议。标准要求每套住房应至少有一间 11.3 平方米的房间,每个卧室的面积至少为 8.5 平方米,有一个子女的三口之家最小居住面积为 46 平方米,换算为建筑面积为 61 平方米。

我国制定颁布的《城镇最低收入家庭廉租住房管理办法》,明确规定"城镇最低收入家庭人均廉租住房保障面积标准原则上不超过当地人均住房面积的 60%"。南京 2016年人均住房建筑面积为 36.3 平方米,则人均住房保障面积应不超过 21 平方米,则三口之家保障面积约为 63 平方米。2007 年 8 月发布的《国务院关于解决城市低收入家庭住房困难的若干意见》(国发〔2007〕24 号)指出:"廉租住房保障面积标准,由城市人民政府根据当地家庭平均住房水平及财政承受能力等因素统筹研究确定","新建廉租住房套型建筑面积控制在 50 平方米以内";"经济适用住房套型标准根据经济发展水平和群众生活水平,建筑面积控制在 60 平方米左右"。

综合以上分析,人均最小居住面积约在 16～18 平方米之间,国家关于廉租房面积不高于 50 平方米、经济适用房面积 60 平方米左右的保障性住房面积标准的规定基本合理。

(3) 根据城镇家庭住房平均水平相应调整的动态标准

近十年来,我国保障性住房的建设经历了从框架建构到调整深化的不同发展阶段。随着住房价格的不断上涨,保障性住房在社会生活中发挥着越来越重要的作用。保障性住房保障标准的确定必须与现阶段的经济发展水平相适应,既要有利于促进社会公平,又要保证效率。从新加坡公共住房面积标准的经验来看,社会保障应坚持社会保障水平与经济发展水平动态一致的原则,一方面,保障性住房的社会福利属性决定了其面积标准不宜过高,以满足基本居住需求为主;另一方面,社会保障与经济发展的低水平一致不是静态的,随着社会经济水平的发展,保障性住房的面积标准应动态提高,使低收入群体也得以通过社会保障制度分享经济发展的成果。[①]

同样,保障性住房的保障面积标准也应随着社会整体居住水平的提高而提高。因此,除了静态的最低面积标准之外,还应确立动态的保障面积标准。根据《城镇最低收入家庭廉租住房管理办法》的要求,"城镇最低收入家庭人均廉租住房保障面积标准原则上不超过当地人均住房面积的 60%"。这符合建设部政策研究中心发布的《2020:我们住什么样的房子——中国全面小康社会居住目标研究》中所提出的"2020 年我国城镇人均居住面积将达到 35 平方米,城镇最低收入家庭人均住房面积将超过 20 平方米"的要求。而且与经济合作与发展组织(OECD)确定将公援标准确定为个人中位收入的 2/3 的国际惯例也基本吻合。根据住建部发布的《2016 年城镇房屋概况统计公报》的数据,2016 年,全国城镇人均住宅建筑面积 32.91 平方米。[②] 按照平均水平的 60% 计算,则保障性住房的人均面积标准为 19.75 平方米,供三口之家使用的二室一厅户型的保障面积标准则为

① 褚超孚. 城镇住房保障模式研究[M]. 北京:经济科学出版社,2005:216.
② 住建部《2016 年城镇房屋概况统计公报》。

60平方米。相比2005年的47平方米,表明随着我国社会经济发展水平的提高,以当地人均住房面积的60%为标准需要相应提高保障性住房的面积标准,逐步改善低收入群体的居住条件。

(4)重视室、内外环境和设施的功能性设计

保障性住房在室、内环境方面需满足基本的日照和通风,不仅是基本居住保障更是公共安全的保障。香港公屋的建设采取高层高密度的开发方式,平均每公顷居住用地的人口密度为3 000人,最高可达8 000人。[①] 由于室内面积狭小,居住拥挤,室外环境则作为居民住宅的延伸。正是基于这样的观念,公屋十分重视居民生活配套设施的建设和户外环境的改善。在香港每个人的居住面积因收入的不同而有差别,但是对室外环境的利用则是公平的,"房委会"对新建公屋内的活动设施定有一个相当高的标准。根据《香港规划标准与准则》(HKPSG)的规定,在全港各公屋和综合住宅发展中,休憩用地的供应标准为每人1平方米。[②] 保障性住房是以当地人均住房面积的60%作为保障面积标准,由于单位面积小,同样的建筑面积、体积中居住的人数多,再因为其群体的生活标准低,室外环境的作用不单纯是绿化美化,而是具备更多的功能性。借鉴香港公屋的经验,保障性住房的外部环境设计应遵循功能第一的原则:从功能而非形式出发,满足小区的社会交往、老人活动、儿童游戏、散步健身等需求,兼顾景观和生态效应,充分而综合地利用户外土地。

另外,可享受保障性住房的住户中,独居老人、重症、单亲等特殊家庭的比例高于一般家庭。据广州市调查,可享受保障性住房的住户,户均人口为2.71人,低于全国户均人口2.95人。在规划设计中,保障性住房的建设标准应更关注无障碍和一般护理需求,配置相应的服务设施。例如,在保障性住房规划中,安排一定比例的老年人住宅,以小面积套型为主,并且适当增加无障碍住宅比例,在空间及设备设施布局时,应考虑护理活动的需求。老年人住宅的建筑设计,必须符合《老年人居住建筑设计标准》(GB/T 50340—2003)的要求,使其符合老年人体能心态特征对住宅的安全、卫生、适用等基本要求。在居住区的道路设计方面,应采取无障碍设计。居住区内的公共服务设施、公共活动中心和公共绿地均应设置无障碍通道。居住区道路无障碍实施范围和设计内容应符合《城市道路和建筑物无障碍设计规范》(JGJ 50—2001)要求。居住区内的各项无障碍设施,应符合乘轮椅者、拄盲杖者及使用助行器者的通行与使用要求,居住区内无障碍通道应与城市道路的无障碍系统相连接。此外,在保障性住房规划中应考虑配套建设为老年人群服务的机构与设施,设置针对老年群体的医疗保健、日常护理、生活照料以及文化、体育、休憩、交往等设施。

---

① 对比内地一般为1 000人左右,当容积率为2.8时,每公顷人口为1 300左右。

② 《香港规划标准与准则》(HKPSG)通常只是最低的参考要求。

8 基于城市化的保障性住房规划设计策略

为了使保障性住房的规划设计充分体现经济性和合理性,从前述各国保障性住房的规划设计实践来看,要解决好如下两方面问题:第一,形成公共住房独立的规划设计标准,包括居住区规划和住宅设计两类标准。前者如居住密度、住宅间距、配套设施标准等;后者如最小房间尺寸、套面积标准、住宅性能标准和住宅设备配置标准等。第二,在上述规划设计标准基础上形成系列化的住宅单元标准设计及其组合体标准设计,以及居住区和居住组团布局的一些常用手法。

8.1 保障性住房的规划选址策略

合理选址对住区开发与住区运营起到至关重要的作用,意味着住区能够有机地参与到城市整体运行中并承载正常、舒适的居住生活。

关注目前保障性住房选址带来的突出问题——就业困难[1]与公共配套不完善[2]造成的生活成本高、生活不方便等问题,把低收入保障性住宅规划纳入城市总体规划并做专项规划。从城市整体发展的角度综合考虑低收入人群交通、就业、配套、居住等问题进行选址;避免把条件最不利的用地选定为低收入保障住宅用地。

保障性住房用地的选择不能完全由市场经济来控制,政府需要给予相当的政策支持。不仅在区位上要考虑低收入者的居住综合成本、长期成本,而且在土地供应量上,确保年用地量不小于该年居住用地总量的 30%。从宏观的角度而言,保障性住房应在一定程度上较为均匀地分布在城市的各个角落,避免过大规模的保障性住房集中在城市的某个部分,以防止由于空间聚集而导致的某些不良社会问题及反社会行为,有利于住在保障性住房的住户享受到更好的基础设施以及获得更好的谋生方式,增进社会各个阶层的交流,促进经济的共生发展。

8.1.1 在新市区[3]与近郊区的选址策略

老城土地资源有限、地价昂贵,通过大力建设新市区能够有效解决城市居住的整体

---

① 根据低收入人群的特点——普遍受教育程度不高、就业培训不足、所选择的就业面偏窄,其就业需求是劳动密集型产业,就业类型单一,多为制造业和服务性行业。而目前南京经济适用房地理位置偏僻,周边没有可供就业的产业,尤其是经过简单培训就可就业的相关产业。并且单个项目规模过大或多个项目成组团集中设置,造成大片的低收入住区,不能提供互补性就业的机会。另一方面,缺少公交配套设施,出行困难、出行成本高,也造成了就业的障碍。

② 公共配套设施不完善主要体现在以下两方面:一是住区周边配套缺乏,从宏观区位上来看,南京的经济适用房多位于主城区以外,围绕主城区呈环形布置,项目相对孤立,周边没有可借用的居住区配套,或周边配套设施尚未开发完全,再加上住区开发建设的时间并不长,没有有效地带动周边经济的发展,这就造成南京的经济适用房区域配套不完善的整体现状。二是区内配套不完善、经营不善,因为周边多为未开发地带,或者为大片经济适用房住区,消费人群与消费能力有限,造成商业设施空置。同时由于住区自身规模及消费能力所限,达不到相应邮局、银行等机构设置相应设施的"最低门槛",或者设置的设施规模过小,功能过于简单,而不能满足住户的需求。

③ 引用南京 2001 年调整的城市总体规划中的概念"新市区"(仙西、东山、江宁)。

压力问题。保障性住房的建设结合新市区开发能够起到一箭双雕的作用。新市区的开发建设既可以为保障性住房提供可得的土地,缓解主城区居住紧张的问题,同时保障性住房的建设能够加快土地的成熟,提升新市区的人气。香港地区的新城公屋开发的经验证明保障性住房建设必须在新市区市政等配套设施先行的基础上进行,处理好生活与配套、居住与就业以及出行与交通的关系,只是通过提供廉价土地的方式是不可取的。政府必须为新市区制定一套居住与就业分散相配套的发展政策,以及需要政府多个部门的共同合作才能实现新市区的良性发展。

同时,近郊区地价较低,原有的居住密度较低而拆迁量不会太大。在将来的城市发展过程中,处于综合地价相对低廉的位置而可以有效控制经济适用房的成本;并且,这些区域交通设施比较成熟,交通相对便利、成本相对不高,也是保障性住房选址的合适区域。

(1)必须在总体规划的指导下,纳入"居住社区"范围进行保障性住房选址

根据第6章内容所述,南京市保障性住房的建设地段周边荒凉,缺少应有的交通配套、商业配套和教育配套,使居民的生活极大不方便;并且由于交通成本高(时间成本、经济成本)扼杀了居民许多就业机会。另一方面,单个保障性住房项目孤立建设,周边没有可供借用的其他住区配套,居住区氛围难以形成。因此在保障性住房选址时,必须考虑周边配套的先行建设以及配套的成熟程度。

A. 在居住控制用地上,有时序地选址

保障性住房用地的选址必须在居住控制用地上选址,而不应占用新老城区之间的绿化隔离带、工业与居住之间的绿化隔离带以及工业用地。一方面,从城市规划的角度讲,新老城区之间的隔离地带对于城市的健康生长而言是极为重要的,能够有效地避免城市以摊大饼的方式无序蔓延。另一方面,若在这些地段建设保障性住房,居民将难以分享完善的配套及城市发展带来的好处。另外,某些污染源可能危害居民的生命健康。

同时需要强调的是保障性住房的选址要结合城市的发展方向与发展时序,避免与城市总体规划相背离,或步调相差过大而造成的长期配套缺失。

B. 纳入"居住社区"范围进行选址,避免孤立选址

理论上,城市的居住用地是由一个个"居住社区"所组成。根据《南京新建地区公共设施配套标准规划指引》中"居住社区"的概念与规模相当于《居住区规划设计规范》居住区的概念与规模。居住社区是以社区中心为核心、服务半径400~500米、由城市干道或自然地理边界围合的以居住功能为主的片区,人口规模为3万人左右。居住社区级配套相对完善,能为居民提供较为综合、全面的日常生活服务项目。在"居住社区"内选择保障性住房用地,能够保证居民享有居住社区级配套。从规划控制的角度上看,这些设施应由政府统一建设或在商品房住区开发中安排配建。保障性住区尽量"借用"这些公共设施,减少自身的配建,从而减轻保障性住房建设的资金压力和运营成本。要使以"居住社区"选址的模式得以实施,必须要在城市总体规划的指导下,完成保障性住房的专项规划(图8-1、图8-2)。

(2)控制用地规模,与不同收入人群居住用地的混合

社会学的研究认为,混合社区是基于社会和谐的理想,混合居住模式被认为是解决不同社会阶层隔离问题、促进不同阶层居民交往的有效方法,并利于提高中、低收入人群的就业。大片低收入"同质"住区的建设,丧失了"互补性"就业的机会,例如中高档住区能够提供钟点工、保姆以及超市、商场服务员、清洁工等就业机会。然而混合居住模式也

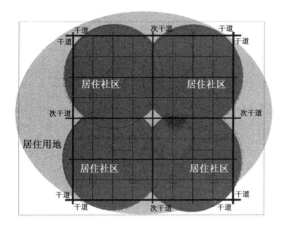 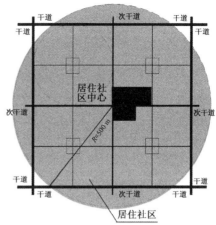

图 8-1　居住用地构成示意　　　　　　图 8-2　"居住社区"示意

资料来源:东南大学课题组

存在一系列问题①,因此我们必须去寻找一种适度的混居方式,保留混居优点的同时,尽量避免其带来的问题。适度的混居方式可从以下几点进行控制:

A. 保障性住区应以合适的规模与其他商品房住区混合

"混合社区"采用"小隔离、大混合""社区混合、邻里同质"等新的规划布局理念,有利于在尊重居住者合理选择住所权利的基础上,推动社会各阶层的融合与发展。保障性住区规模不能过大、过于成片集中,建设规模以"基层社区"②的规模进行控制为宜。在"居住社区"范围内与其他商品房住区混合,使不同收入阶层的居民既能相对独立,又有机会互助和交流。不建议在"组团"及"组团"以下规模的用地内,混合建设保障性住房与中、高档商品房。根据调查研究,"居住社区"的社区配套全部由低收入人群支撑将存在一定问题。比如,南京摄山星城,其社区中心的公建商业配套空置率很高,因为低收入人群没有足够的消费能力来支撑这些商业设施。混合居住也利于提高教育配套设施的生源与质量。参考国外与国内的相关经验,一个"居住社区"中,保障性住房的建设量不宜超过60%。图 8-4 为居住社区中,保障性住区与中档商品房住区的几种混合模式示意图。同时建议,居住社区中心应尽量安排在中档商品房住区中建设,以减少保障性住房建设的资金压力(表 8-1、图 8-4)。

表 8-1　国外不同收入阶层混合的做法

不同国家	做　　法
美国住宅与城市发展部(HUD)和"倡导规划"(Advocacy planning)	以不同收入混合居住为根本策略。在同一个邻里中公共住宅和商品住宅的比例视当地住房市场的状况来确定。一般,HUD 允许公共住宅的比例在20%~60%之间。混合居住的居民家庭收入水平的浮动范围是平均收入水平的 50%~200%

---

①　如从社区建设和管理方面看,混合居住模式很难建成适应各个阶层不同物质精神需求的配套设施,从社会心理学的角度,它容易忽视居住者的心理感受及其引起的社会后果。从城市经济学的角度,其不符合市场经济的效益原则,低收入人群与高收入人群占有相同的土地资源。

②　根据《南京新建地区公共设施配套标准规划指引》,基层社区是由城市支路以上道路围合、规划半径 200~250 米的城市最小社区单元,人口规模为 0.5 万~1 万人,3~6 个基层社区构成居住社区。

不同国家	做　法
德国慕尼黑的"福利住房"	"福利住房"遍及城市的各个区域,分布均匀。房地产商兴建的住区中必须有20％的面积来建造"福利住房"
荷兰的"混合邻里目标"	既在城市中心为低收入群体提供住宅,并且强调将不同收入家庭进行混合。在邻里住区中,保障性住宅所占的比例为20％～50％
英国的"空间上分散的可支付住宅"	根据不同城市的区位,可支付住宅所占居住用地的比例而变化。如 2002 年,市中心约为 24％,在房价低的地区约为 54％,在房价最贵的地区约为 9％。2004 年伦敦新规划中强调提高市中心的可支付住宅比例,增加贫穷行政区中商品房比例
新加坡的"新市镇"	新加坡保障性住房的供应约为 80％以上。在每个新市镇中确保不同民族的混合,并通过住房面积控制、划出一定用地建设高档私宅(比例约为新镇中居住用地的 5％～20％)等办法推行不同收入阶层的混合居住
法国的"社会混居"	规定在住宅建造规划中至少拿出 20％的面积(其余 80％则按市场价格销售),卖给社会福利房管理公司——法国政府低租金住房联合服务公司,由其出租或出售给低收入者

资料来源:东南大学课题组

B. 保障性住区与其他商品房住区"分类梯度混合"

分类梯度混合居住模式[1]即将住区分为两种主要类型,一种是由中等收入者与低收入者混合居住,另一种由中等收入者与高收入者混合居住。这种分类方式利于不同层级居民之间的冲突和紧张关系的缓解。我们主要关注的是前一种分类。所以在"居住社区"中选址时,保障性住区应当与为中等收入者开发建设的中档普通商品房住区相邻,或者在普通中档的"居住社区"中配建(插建)保障性住区。从而避免高档住区与低档住区直接相邻而带来的不和谐。另一方面,根据低收入人群对生活便利及就业需求的关注度,保障性住区应尽量在交通可达性较好、不追求景观资源等奢侈性要求的普通中档"居住社区"中选址(图 8-3)。

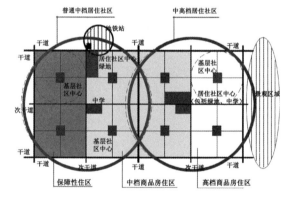

图 8-3　分类梯度混合示意图

资料来源:东南大学课题组

C. 保障性住区与其他商品房住区之间要有合适的连接"媒介"

英国建筑理论家 Bill Hillier 从 20 世纪 70 年代开始研究,发现如果强行地要求封闭

---

① 比较理想的状态是有一个平缓的中间过渡层次的居民群体。当中间收入层次的居民家庭占据 50％以上,或高收入家庭收入水平不超过低收入家庭的 4 倍时,居民之间的冲突和紧张的关系容易得到缓解。参见:Alex Schwartz, Kian Tajbakhsh "*Mixed-Income Housing: Unanswered Questions*", presented at an international conference on housing and the built environment, organized by the International Sociological Association. Lexington Virginia, 1997-06-12.

社会小区内既住高收入的人群又住低收入的群体,这样结果肯定会失败,不同收入的群体不会愿意在住区的半公共空间内"强迫性"交往;最后,他们发现公共街道模式是最适合连接低收入群体与其他群体的空间方式,低收入者既可以依靠街道谋生,增加就业机会,同时其他社会群体也会参与他们的日常商业生活(如在蔬菜店、杂货店中购物),从而自然地发生交往。所以通过开放式的城市公共空间、街道作为不同阶层住区之间的联系媒介,是有效可行的(图8-4)。

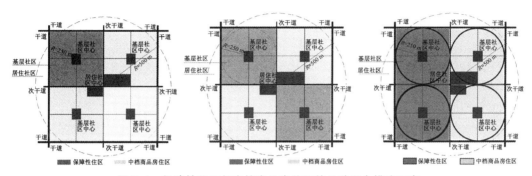

图8-4 保障性住区与中档商品房住区的几种混合模式示意

资料来源:东南大学课题组

根据国外经验,混合居住还有另一种操作方式,即将商品房与保障性住房按一定比例捆绑上市,按保障性住房建成面积比例给予减免土地出让金、行政事业性收费和城市基础设施配套等优惠政策。这种方式不但减少了单独选址的难度,而且使保障性住房在全市范围内分散布局,便于各地区居民就近选择,可以有效地利用原有的市政、交通、城市公共设施等设施,以节约社会资源,从而促进社会整合、社会可持续发展和和谐社会的建立。但这种方式在国内要具有现实可操作性,"度"的控制还是一个关键问题。"度"的控制应包括以上谈及的几方面内容。一是,配建保障性住房的住区应为达到一定规模以上的住区,一般应在达到"基层社区"规模以上的住区中配建;二是,遵循梯度混合的原则,在普通商品房住区或中低价商品房住区内配建一定数量的保障性住房;三是,配建的保障性住房最好达到"组团"规模,并且具有其相对独立性,以合适的"媒介"与商品房相连接,以免造成抵触情绪和冲突。(图8-5)

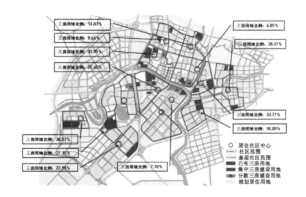

图8-5 南京六合雄州组团的三房用地布局

资料来源:南京市规划局提供资料

（3）结合公共交通选址，发展以公共交通为主导的住区模式

根据调研情况，保障性住区居民就业困难、生活不便，其中一个主要原因就是缺乏公交设施，造成出行困难。因此在选址时，应该给予重点关注，其选址可分为两种情况：

A．在地铁沿线，距离地铁站点步行 10～15 分钟之内的地段选址

轨道交通发展对沿线 300～1 000 米内的房地产开发有明显的辐射效应。但地铁站点周边房地产价值增幅随距离地铁站点的距离的增加而衰减，尤其是超过了 300 米以外范围衰减幅度较快。[①] 同时，根据对南京低收入住区的调查，发现低收入者对步行的可忍受距离较长，大约在步行 10～15 分钟。所以，保障性住房可以在地铁沿线，距离地铁站点步行 10～15 分钟(1 000 米左右)的地段选址，建设高层高密度的住区，兼顾地价的条件下，方便居民的交通出行。另一方面，地铁沿线虽然地价相对较高，但可以结合城市地铁的建设步骤，一般在每条地铁线建成初期，其首末端附近的几个站点，地价相对便宜。因为地铁的建设主要是为了拓展城市发展空间，所以地铁建成初期其首末端附近的几个站点，会相对较为偏僻，发展不够成熟，政府可选择这些地铁站点附近建设保障性住房。一方面，综合考虑建设成本与居民出行成本，其具有合理性；另一方面，由于保障性住房建设量大、入住速度快，也利于周边地段的快速成熟，利于城市的发展。

B. 以地铁为轴，通过短途公交连接居住社区中心和地铁站点

借鉴中国香港的经验，以地铁为轴，通过短途公交连接居住社区中心和地铁站点或者公交枢纽站，是近期行之有效的解决方式。[②] 居民的出行需求都可以简化为：乘坐驳接公交从居住社区中心到达轨道站点(或公交枢纽)以及从轨道站点(或公交枢纽)往城市中心两部分。根据统计分析，城市郊区居民能够承受的向站"最大空间距离在 3 千米以内，驳接公交运行时间在 10 分钟左右"(图8-6)。[③]

根据南京地区实际情况及公交运营成本的问题，可尽量将住区与地铁站(或

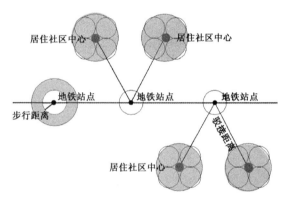

图 8-6　地铁沿线居住社区选址示意
资料来源：东南大学课题组

公交枢纽站)之间的线路并入公交的线路中，或者考虑自行车取代短途公交。同时，适当提高保障性住区开发强度，使驳接公交运输更有效率和效益。

另外需要强调的一点，在住区入住初期，驳接公交可能运营亏本，政府应该给予补贴，保证居民的顺利出行。另一方面，可以通过对登记就业的低收入人口按时段发放交通卡，减轻其交通成本，鼓励就业。

（4）适当与产业用地靠近

混合土地功能使用是继现代主义之后的新的规划概念，其基本理念是：考虑将不同的城市功能聚集在一定的地域空间内，提高土地利用效率，提高社区的活力同时为生活提供便利。混合土地使用最为本质的前提是不同土地使用功能间内在的人流、物流、信

①　张红，等.城市轨道交通对沿线住宅项目价格的影响[J].北京交通大学学报(自然科学版),2007(6):10-13.
②　中国香港、新加坡、日本多摩新城均采用这种解决方法.
③　陈燕萍.适合公共交通服务的居住区布局形态——实例与分析[J].城市规划,2002(8):90-96.

息流以及社会空间结构的有机联系。

在新市区或"板块"建设过程中打破旧有城市规划强调明确功能分区的方式,将无污染工业、第三产业有效地与居住功能适当混合以保证就近就业。中国香港地区在这方面做得比较好,工业用地划得很小,居住用地与工业园用地毗邻。尤其将保障性住房用地靠近低收入者通过简单培训可进行就业的工业区布置。借鉴香港的经验,在屋邨中成立相应技能培训机构,帮助其居民就业(图8-7)。

图8-7 中国香港粉岭上水新城粉岭区工业和居住用地的混合布局
资料来源:东南大学课题组

另外,也可借鉴新加坡的经验,新加坡的组屋区是按新镇来发展的,①从布局和结构来看,镇(居住区)的设施配套是比较完善的。为了在住宅周围提供就业机会,新镇内预留10%~20%的土地用于工业设施配套,一般位于新镇的边缘。主要设置一些无污染的小规模劳动密集型工业,如制衣、纺织和电子配件制造厂等解决居民的就近就业问题。

8.1.2 在老城区中插建、改造策略

(1) 在老城区保障性住房的建设原因及重要性

由南京所处的城市化阶段符合"分散城市化阶段"的基本特征。② 根据国外发达国家和地区的发展经验,这一阶段我们要解决的重点问题在于大力发展新城,促进新城就业的同时,保证老城的活力。南京城市人口增长主要为机械增长,留宁就业的外来人口是城市增加人口的主要部分,其居住需求多发生在老城区(留宁的外来人口多为低收入的从业人员)。在城市产业转型中,第二产业不断外迁,老城用地结构发生变化。商业、服务业等服务性第三产业在市中心的高度积聚导致老城区依然提供了主要的低层次就业岗位。老城区的服务配套等城市资源状况最佳,从社会公平角度应避免使其由富人独享,以致低收入者只能被动地迁移至城市资源最为匮乏的地区。避免老城更新中,低收入者原有的社会结构迅速解体,应该增加就地安置的可能,以维持社会稳定的需要。

(2) 在老城区保障性住房的建设模式

A. 以建设廉租房为主体。这样可以保证稀缺土地资源控制在政府手中。保障居住的同时成为政府促进城市发展的工具。国内多个城市为新就业的城市年轻人提供住房保障,甚者成为争夺人力资源的重要手段。这部分人在收入提高后可以搬出廉租房,保证了廉租房的有效流动。其保障对象以老城区就业人口为主。

---

① 新加坡全国(面积约为深圳的1/3)分为东、东北、北、西、中5个区域,5个区域内共有55个规划区,其中33个规划区内包括23个新镇(new town),每个新镇共约4万~10万户。组屋区的分级一般为三级——新镇、邻里和邻里组团,分别以不同的用地和建设规模对应服务范围不同的居住规模。

② 美国为代表的大城市城市化往往经历以下几个阶段:集中城市化阶段、分散城市化阶段、广域城市化阶段、再城市化阶段。

B. 减少住区配套设施比例,主要依靠周边城市配套解决。

C. 高强度、小地块开发。老城区的土地资源决定其必然是小地块开发。小地块开发可以保证低收入人群不过于集中,以点状相对均匀地分布于老城。高强度开发才能保证开发的可行性。

D. 居住面积标准要更加严格,建筑设计标准可考虑参照酒店式公寓,不必过于强调日照、停车等标准。在提供相对便利的地理位置的同时,降低居住面积指标。这样有利于老城就业人口加以选择。不在老城就业的人则更倾向于选择居住硬环境更佳的郊区或新城区保障性住房,使得与郊区的保障性住房产生一定的平衡。为城市就业人口提供面积标准相对较低的住房保障,实际上是给了这部分人口更加广泛的选择的权利。可以根据自身的情况加以选择,使得城市资源分配更加合理。

E. 建筑设计考虑通用性,保证有一定的灵活性。随着经济的发展,保障性住房的居住标准可能提高。通用设计有利于灵活改造,政府可以把住宅单位进行合并,重新划分,以满足新居住需求。

F. 建筑结构采用灵活、可拆卸的结构体系。这种体系可以提高建造速度,并且当城市老城区结构与功能调整时,廉租房用地需要被收回时,灵活、可拆卸的结构利于回收与再利用。

(3)在老城区保障性住房的选址策略

A. 城市更新时必须将本年度拆迁的多块地块中的至少一块用来解决部分人群的住房保障问题。若政府对提供的地块不满意①,可以拒绝接受,重新选取。

B. 在老城区新建设的有一定规模的中档商品房住区中划定一部分房源供应中低收入人群。可以借鉴英国的经验,制定相应的法令保证其顺利执行。

C. 充分挖掘城市土地利用潜能,通过土地功能的混合利用,提升土地使用效率,建设低收入住宅。如利用大型菜场、超市、公交首末站上部空间建设高层低收入住宅。

D. 在有保留价值的城市低收入人群聚居地段的更新与插建。

任何城市的发展现状都不是一张白纸,不可能任由城市规划和管理者绘制理想的蓝图。书中提到的各种保障性住房规划、选址的原则都是较为理想化的。然而,这并不妨碍专业人士将这种理想化的原则在实践中加以实施,这些理想模式是我们规划设计的指导方法和理论依据,在现实的规划设计和管理的过程中,无疑要结合具体实际,因地制宜地处理具体问题。也就是说在体现保障性住房建设规划的严肃性的同时保障其实施的可行性。

同时也必须看到,保障性住房建设是城市发展过程中一个长期的任务,不可能一蹴而就,也不应该急于求成。为此更应该按照近期、中期、远期的不同时间纬度去分析和研究问题,这样,才能保证保障性住房建设规划理想化的同时具有生命力。

8.2 保障性住房的开发强度控制

土地是建设最基本的物质条件,保障性住房建设是城市住宅建设中的用地大户,节约用地是降低成本的有力措施之一,也是可持续发展的需要,合理地提高容积率是行之有效的措施。南京已建成的经济适用房小区大部分远离市区,偏低的容积率和不便的交

---

① 根据"地块的接受条件衡量指标"来衡量,如设置居民出行时间衡量指标、配套设施指标等。

通使社区长期难以形成,不仅增加了市政投入而且将进而影响公建的配套和效益,物业管理等也难以到位,反过来又影响住户的生活质量,形成恶性循环,经济效益与社会效益两相误显而易见。因此在控制建筑密度,保证日照、通风和绿化率的前提下,尽量提高经济适用房小区的容积率是很有必要的。

容积率(FAR：Floor Area Ratio)可表述为：$FAR＝A1/A2＝N×A3/A2＝N×D$(其中 $A1$：住区总建筑面积；$A2$：住区用地面积；$A3$：建筑基地面积；D：建筑密度；N：建筑层数)。[①] 从上述公式可以看出提高容积率的两个途径,提高建筑密度 D 和提高层数 N。经过分析和论证,提出以下四点作为加大南京经济适用房建设土地开发强度,提高容积率的具体措施。

8.2.1　以高层住宅为主建设保障性住房

(1) 高层住宅相比多层住宅的节地优势

根据《城市居住区规划设计规范》第 3.0.3 条中有关"人均用地控制指标"的规定,以南京为例,居住小区规模的多层人均用地为 19～26 平方米/人,中高层人均用地为 15～22 平方米/人,两者相差 4 平方米/人。如果以全南京市经济适用房住宅建筑面积每年增加 200 万平方米的数字进行测算,每年新建住宅户数约 3.3 万户,人口约 11 万人；结合人均用地控制指标计算,高层比多层住宅可节约建设用地近 44 公顷,效果是比较明显的。[②]人多地少的中国香港地区和新加坡均采用高层高密度的公共住宅开发模式,中国香港地区多数住宅在 20～30 层之间,容积率 6.0～10.0,新加坡住宅层数多为 10～13 层,容积率 1.6～2.3,一般不超过 3.8。[③]

一般高层建筑由于结构上的需要,都拥有不少于建筑物高度十五分之一的地下部分,为车库、热力、配电等动力用房和一些公共服务设施用房放到地下提供了条件。而节省下来的地上部分可以设计为住宅以提高容积率,也可安排永久绿地以改善人们的居住环境,设置活动场地提高居民生活质量。集约化地布置停车场、小学、幼儿园、菜市场等配套公建和城市基础设施,可以有效地缩短其服务半径,避免了重复建设城市基础设施和配套公建带来的土地上的浪费,有利于社会资源的利用。从土地资源的有限性及发展的角度来看,将住宅和公共配套设施集中紧凑布置,在三维空间上形成集约式的用地模式,对地块容积率的提高具有显著的效果。[④]

(2) 在综合造价和能耗方面的比较

将多层住宅与高层住宅各方面造价进行分析比较,除在建安成本、土地成本、日常维护费用方面的比较以外,高层住宅带来了城市居住人口的集中,这可以节约市政建

[①] 容积率,即建筑面积毛密度,以每公顷居住区用地上拥有的各类建筑的建筑面积(万平方米/公顷),或以居住区总建筑面积(万平方米)与居住区用地(万平方米)的比值表示。容积率作为评价城市土地合理利用与衡量土地利用强度的一项重要指标,其大小代表着地块开发强度的高低。土地的合理使用主要取决于土地的使用性质与开发强度,开发强度即地块上建设的建筑物的高度、建筑密度、空地率,其目的是使得地块得到有效合理的利用,而集中指标表述就是"容积率",与容积率配合使用的还有建筑的"建筑密度、绿地率"。

[②] 作者根据《城市居住区规划设计规范》GB 50180—1993(2002 年版)有关数据计算。其中南京属于Ⅲ类地区,各项指标按每户 3.2 人计算。

[③] 参见《南京经济适用住房研究系列报告 2 香港公屋研究报告》《南京经济适用住房研究系列报告 3 新加坡组屋研究报告》。

[④] 参见北京市建筑设计研究院刘晓钟工作室《从节能、节地和经济性等方面,对北京市 90 m² 以下户型住宅层数影响的对比分析研究》。

设投资以及公共设施的投资。有研究表明,住宅建筑面积密度每提高1%,则居住小区每单位建筑面积上的市政设施投资可以降低0.7%～1.5%。[①] 因此,从短期和局部来看,多层住宅的造价是相对低的,就长远和宏观而言,高层住宅的综合造价明显优于多层住宅。

多层住宅比高层住宅热损耗大。经过计算,6层的多层住宅与20层的高层住宅相比较,根据其体型系数不同,前者比后者高出10%～20%。也就是说,体量越大对外负荷在单位面积上分摊的就会越小。高层住宅与多层住宅相比,用电量高20%(高出部分主要用于电梯用电、消防用电、水暖系统分区用电等方面)。[②] 总体来讲,高层住宅由于公共服务设施和配套公建的集约化设置,服务半径合理,可以有效节约能源。

(3) 高层住宅的环境优势

保障性住房对套内面积有严格的限制,按照国务院的规定,廉租房的面积要求控制在50平方米以内,经济适用房控制在60平方米。[③] 按照家庭平均人口3.2人来计算,人均居住面积在20平方米以下,满足了低收入人群的基本居住要求,是比较切合实际的,符合我国现阶段经济发展水平和城市化进程。然而跟普通商品房相比,保障性住房人均居住面积无疑是较小的,通过提供更多环境较好的外部活动空间,可以在一定程度上减少室内面积较小带来的不便。高层住宅建筑覆盖率低,在相同容积率下较多层住宅能够获得更多的绿地和院落等公共活动空间,如老年活动场地、儿童游戏场地等。另外,多层住宅之间的卫生间距绝对尺度太小,在其上布置儿童游戏场地将对居民带来很大的噪声干扰,高层住宅受到街道干扰的住宅套数比例比多层住宅少很多。

8.2.2　适当采用围合方式提高容积率

合理的围合方式可节省道路面积和投资,利于提高土地利用率。应通过一定的技术手段最大限度地避免或减少东西向围合带来的阳光照射过度和通风效果不畅等问题,为居民提供良好的居住条件。

(1) 斜向围合式在同样层数、间距等条件下,其院内阳光优于正向围合

从保障社会公平的角度考虑,中低收入者享有平等的"阳光权",以牺牲住宅间距和日照来提高容积率的做法是不可取的,应满足国家规定的相关日照时数。斜向围合式在同样层数、间距等条件下,其院内阳光优于正向围合,对界外阴影区也小;周围建筑日照条件均匀,都能面向东南或西南,可避免正东、西向和北面的阴冷。通过计算说明:不论是多层还是高层建筑,旋转角度均能明显提高日照时数,多层旋转角度在15°～30°之间提高尤其明显,高层旋转角度在0°～15°之间提高很快,在30°之后日照时数反而下降。由于在一定角度范围内旋转角度能增加有效日照时数,所以在满足相同日照时数的情况下,建筑容积率能明显提高。[④] 另外,围合式开口的位置和方向也很重要,以向阳和居中为好,对院子和院内墙面日照都有利(图8-8、图8-9)。

---

① 刘晓钟,丁倩.对90 m²住宅设计的政策及市场[J].城市建筑,2007(1):11～17.

② 北京市建筑设计研究院刘晓钟工作室《从节能、节地和经济性等方面,对北京市90 m²以下户型住宅层数影响的对比分析研究》。

③ 《国务院关于解决城市低收入家庭住房困难的若干意见》国发[2007]24号。

④ 经济适用房的面积控制在60平方米左右,决定了建筑进深不可能很大,以进深是12米和10米为例。

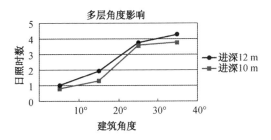

图 8-8　多层旋转 15°～30°之间，
日照时数提高明显

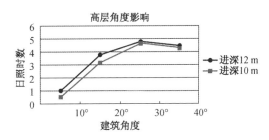

图 8-9　高层旋转 0°～15°之间，
日照时数提高明显

资料来源:作者绘制

高、多层连接围合式,在高层住栋日照间距不变的情况下加入多层,既围合空间又提高容积率。高的部分宜做塔形,其空出的高塔四面临空本身光照好,而因体型窄对界内界外的遮挡一晃即过,不致产生严重的日影危害。与之相连的板楼最好跌落,靠近围合开口处的楼层最低,这样便于斜向阳光照进院子,并且入口处房屋接近人的尺度,会减少高楼产生的压抑感(图 8-10)。

(2)提高东西向住宅热工性能

同时,根据太阳照射方向选用恰当的遮阳措施,做好外墙保温隔热处理,提高东西向住宅的热工性能。采取"堵"的方法:南京夏季炎热,日照时间长,太阳辐射强烈,加强外围护节能处理如增设保温夹层,在粉刷层与结构层之间加设

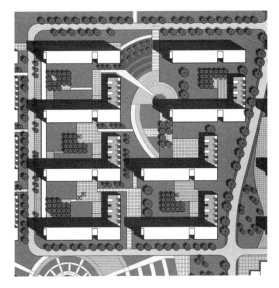

图 8-10　高、多层连接的围合方式示意

资料来源:作者绘制

挤塑聚苯板保温等最为直接,见效最快。① 采用外保温技术的楼体外表接触面越小,室内产生"冷桥"的概率越低,在节能方面做出的贡献越大。采取"遮挡"的方法:也就是对住宅采取局部遮阳措施,丰富建筑的空间造型,增大遮阳权重,在建筑物的相应部位或构件,例如窗口、外廊、阳台甚至东西侧墙等需要调节太阳直射辐射,采取局部遮阳措施以避其害。采取"因势利导"的方法:结合太阳能的开发利用综合考虑。由于东西向户型接受日照时间长,相同情况下的太阳辐射强度更大,可以结合遮阳板、阳台甚至东西侧墙固化利用太阳能的设施,比如太阳能热水器、太阳能光电板等。

(3)做好尽端单元的设计

在基本保留南北向采光的行列式布局中,做好住宅的尽端单元设计,如加上少量东西向住宅,或端部单元前后错动,或用点式等手法构成围合,可以有助于在保持原有住宅日照间距情况下增加建筑密度,提高容积率;同时围合出丰富、宜人的外部空间环境。还可以将相对的楼房围合的院子进行绿化、铺地和加装简单的休息游戏设施,成为楼栋的

---

① 曾志荣,平如琦.住宅东西向的设计探讨[J].江西建材,2007(1):32-33.

入口空间,从而真正形成邻居交往与共享活动的中心,而不像过去常见的少人问津的荒地。采用全多层东西向围合方式,"井"字形构图布置总图,可以提供最大容积率和调整可能性。围合形成多层次院落空间提高了可识别性,具有较大的经济、环境效益(图8-11)。

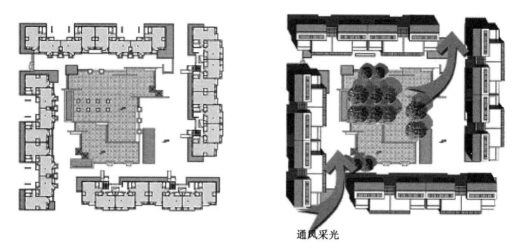

通风采光

图 8-11　多层"井"字形构图布置示意

资料来源:作者绘制

在大致相同的用地情况下,尽端单元有侧向采光的便利性,立面造型也更加灵活,在不增加投资的情况下有利于住宅单体和小区整体形象的塑造以及可识别性的提高,具有较大的经济效益和环境效益。因此适当结合南北向住宅布置一些东西向的住宅,当绝大多数或全部住户都能朝南时,容易为居民所接受,实现性较强。朝向造成的差异性可以满足不同经济收入与不同需求的住户,如东西向住宅可开发为对居住条件要求相对较低的,流动性较大的廉租住房,符合国家关于在保障性住房和普通商品住房项目中配套建设廉租住房的政策。[①]

8.2.3　充分利用架空底层和屋顶平台

保障性住房的土地虽然由国家划拨,仍然需要集约使用,向空间发展绿地使珍贵的城市土地得到充分的、立体的多层复用,以增大人均户外敞地,突破平面利用的容积率极限(图8-12)。

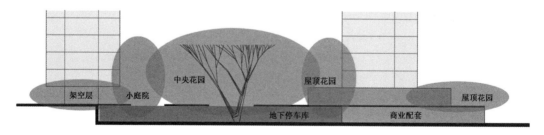

图 8-12　多形式的户外公共空间和户外敞地示意

资料来源:作者绘制

---

① 《廉租住房保障办法》(建设部令第162号),2007年12月1日生效。

（1）架空楼栋全部或局部底层

将必要的楼栋全部或局部架空底层,如果采用高层的开发模式,将一层(底层)架空对建筑面积的损失是很小的,却带来很多使用上的优点:

A. 底层存在干扰大、缺乏安全感、潮湿、通风及采光差等问题,架空底层可以减少干扰,增加住宅的私密性。架空底层有利于楼栋住户的空气流通,改善住区内整体小气候环境。

B. 将必要的楼栋全部或局部架空底层,从视线上延伸被楼栋阻断而封闭的宅间空间,扩大了住区内的视野空间,有利于住区视觉景观的组织。

C. 把与地面连接的建筑底层采用开放式的设计布局并用作公共活动,在户外环境质量方面实际上起到的是与地面公共敞地相近的作用,它对户外环境的改善和外部空间的塑造起着同样重要的作用。

D. 利用架空部分可满足居民交往的需要,居民可利用此空间作为休闲、交往活动的遮阳避雨场所也很有必要,也可根据住区具体情况设置其他辅助空间,如娱乐、健身、停放车辆、各类生活小超市等。

（2）利用裙房的屋顶平台

将高层住宅楼与楼之间的底层裙房扩大并连成一个屋顶平台,然后在平台上实行环境美化,建设休憩、运动设施。平台下面通常有 4～5 层可供商场、餐厅、康乐、场馆、停车场等商业服务中心。由于平台空间抵消了商业服务中心所占的面积,因而使整个住宅区的建筑密度相应降低。

建筑物和其他构筑物的底层或屋面的开放式和公共化的使用,是保障性住房小区发展多用途、多形式的户外公共空间和户外敞地的途径,同时也是提高城市土地利用率、增大开发强度并保证户外环境质量的有效方法。在中国香港地区公屋、新加坡组屋等社会保障性住房中,屋顶平台作为活动场地的例子屡见不鲜,甚至已经成为惯例。即使是高档私人物业,也经常在地面层满铺,作为商业、服务,以屋顶平台作为居民的活动场地,不但可以种植高大乔木,也可以铺设活动场地。多种形式的户外空间和户外敞地为保障性住房居民提供一个直接而方便的休息沟通场所,丰富了城市和住宅的空间景观,符合中低收入居民心理、行为和生活方式,有利于营造一种安全、和谐、文明的社区生活环境。

8.2.4 转换土地用途以集约利用土地

土地用途转换即从一种用途改变为另一种用途,如从工业用地转换为住宅或商业用地等。伴随着利用方式的转变,其利用强度也相应发生变化,如从单层建筑改变为多层建筑增加容积率、建筑密度和空地利用等。城市化发展与土地集约利用相辅相成、相互促进,目标一致,而土地用途转换是实现土地集约利用的重要手段。土地用途转换是经济发展、城市扩展的必然结果,也是土地利用现代化过程的重要方面。

保障性住房的建设用地由政府划拨,在获得土地用途转换的可能性和实际操作上都具有一定的优势,完全可以突破原有土地集约程度偏重于同一土地用途内部指标提高的局限。具体做法可以将对日照要求较低、层数也不可能多的商业用房、集贸市场或交通站房的上部空间开发为经济适用房或廉租房,相应地减少楼栋间距、节约土地,进而提高群体布置下的整体容积率。厦门市率先结合公交场站建设保障性住房,实现了土地用途的转换。过去的一个露天公交场站往往占用 1 万～2 万平方米的土地。为节约利用土地,厦门市把公交场站按照选址楼房化,充分利用上部空间,建设一批保障性住房提供给中低收入市民。目前,厦门市此类项目有观音山公寓、古楼公寓、沧林花园和湖滨中路公交场站社会保障性住房项目等四个。大多数中低收入家庭主要的出行工具是公交车,因此在公交方便的地方建设居住区是比较合适的,当然必须采取措施减少由于功能的改变带来对居住环境的影响。

土地作为一种稀缺不可再生的基础性资源,其合理、高效的利用对城市乃至国家的可持续发展具有重要的现实意义。我国城市化进程的加速、城市人口的剧增,使得本来就稀缺的城市建设用地更加紧张。高密度集约式的土地利用,可以提高土地利用的经济效益,也可防止对土地资源过渡的开发。然而,通过调研对比我们发现经济适用房小区容积率相比周边商品住宅小区普遍偏低,无论从社会资源分配还是市场的角度来讲都是不合理的。保障性住房的建设应采取有效策略充分利用城市土地以达到对土地资源的最优配置,解决更多人的居住问题,促进社会和谐发展。为了节约土地,推动经济、人口、资源、环境的协调发展,适度有序地在保障性住房建设中加大开发强度,提高容积率势在必行。

8.3 保障性住房的住区规划设计

8.3.1 空间结构

(1)采用较小规模的半开放式规划结构

中低收入人群都需要方便地出入居住区,与外界充分沟通和社会其他群体的认同,所以保障性住房不宜采取封闭式的结构。如在规划设计的时候要多安排几个出入口,因为中低收入者一般是依赖步行的,方便他们的出行。

对于规模较小的保障性住房小区,可以在同一地块内并置不同社会阶层的居住小区,通过规划模式的变化改善不同阶层居住分异所造成的社会隔离现象。如将各个小规模住区(包括保障性住房小区)的各项配套服务设施从封闭式内院中分离出来,置于几个小规模居住区的交界线形成的道路上,将这种道路建设成步行街或符合人的尺度的人车混杂的支路,改变其单纯的交通功能,而是复合交通、生活设施、商业设施等功能,在街道上形成交往、购物、休息、饮食、观赏、儿童游戏等活动。由于服务设施都布置在各小规模住区间的街道上,公共服务设施将从目前小区模式中对外封闭内向型转变为对外包容的外向型,因而有可能通过多个社会阶层共用某些服务设施,如小学、商店、绿地等促使各社会阶层建立交往的机会,降低居住分异所造成的社会影响。

采用较小规模的半开放式规划结构,扩大了住区朝向城市的界面,方便了居民的日常生活和出行,也由此增加了城市片区活力,带动了住区周边的发展,使住区成为城市的有机组成部分。采取半开放式的结构,还可以使社区与城市的景观相互渗透,通过区内开放式的道路联系城市道路,吸引人气,丰富社区的气氛,提高社区的活力,促进人们的相互交往。

(2)以住栋为基本单元的管理模式

至于封闭式小区所赖以生存的"安全"因素,则考虑以住栋为基本单元的管理模式。保障性住房住区由于户型面积较小,一个单元大约会在4户以上,当建筑层数超过18层时,一栋高层住宅的住户已经超过72户,完全可以有条件将防御线设在一栋住宅内或两栋住宅组成的建筑群之间。以此模式作为最基本的自卫细胞,可以有效地支撑上述规划结构的开放性,而建筑外部空间的安全性已不再是应该关注的问题(图8-13)。

8.3.2 交通组织

（1）静态交通组织原则

A．严格控制机动车停车位的数量，按居住区规范（2011版本）的汽车停车率最低标准10％来控制，停车位中应考虑设置货车等大车位。

低收入保障性住区居民的收入水平较低。[1] 符合资格要求的保障性住房申请者的家庭资产和居住面积均较低，具备资格的申请者不应拥有非营运性私家机动车。我们也必须关注到营运性车辆的停放问题。如果某些出租车、货车等营运车辆司机，其他家庭成员收入较低，或人口较多，他的家庭依然有可能成为低收入家庭，符合住房保障条件。

对于保障性住区乃至整个城市而言，大力发展公共交通、限制私家车是必然的趋势。借鉴中国香港地区公共住宅的管理经验，在低收入保障住区内应严格控制机动车停车位的数量，同时对拥有经营

图 8-13　香港公屋的住栋单元管理
资料来源：作者拍摄

性机动车的家庭进行严格的登记制度，并在此基础上提供一定数量的机动车停车位。这样，无论是从社会公平的角度还是从积极促进低收入人群就业，提高其造血能力的角度都是合理的。

保障性住区内提供的停车位如果是为营运性车辆配置，其数量必然较少，同时可以考虑收取相对较低的费用，用于住区管理。而对住区内的其他车辆加强管理，作为家庭资产进行备案，如果住户不符合保障条件就应立刻退出保障范围。

B．住区内的机动车停车位应以地面停车为主

在较低的机动车停车率前提下，我们可以考虑以地面停车为主的方式解决停车问题，而这种方式的成本最低，灵活性相对较大。地面停车位可以较为方便地改变用途，成为绿地或者活动场地。

当然如果住区的容积率较高，而每户的面积较小，必然导致在相对较小的用地内提供很多户住宅。即使停车率较低的情况下依然可能出现难以在地面完全解决的可能。考虑到地面停车会挤占了绿化面积和活动场地。在这种情况下，可以考虑利用人防地下室安排小型机动车停车，地面停车位则主要为货车等大型车量停放服务。总之在停车率相对较低的情况下，采用以地面停车为主的停车方式，并结合实际情况，设置地下停车。

C．利用地下人防空间设置对社会经营的停车场

我国对多层、高层建筑有设置人防空间的要求，而利用人防地下室设置地下停车库，是普通住区的常规做法。随着城市土地资源的日益紧张，城市停车问题日趋尖锐。以往，低收入住宅考虑到自身的停车需求有限，地下停车库成本较高，往往尽量少地设置地下停车库。从某种角度而言，这是对低收入住区地下空间价值的一种浪费。低收入保障

---

① 申请购买或者承租保障性住房时，政府管理机构需进行严格的资格审查和公示，以防止不具备资格的人获得相对廉价的保障性住房。严格的资格审查制度是保障性住房制度有效建立的基础。同时合理的退出机制也是非常必要的。当被保障家庭的收入提高到一定程度后就应该退出原有保障范围，以利于社会资源的有效利用，保证保障制度的公平性。

性住区自身的停车矛盾较小,但是其地下空间如加以经营,可以创造更多的经济效益,提供就业机会。中国香港地区公屋就往往利用临街空地建设立体停车楼,为社会车辆服务,收取高额停车费用,收益颇丰。

在人群混合的"居住片区"中,低收入住区的地下停车库可以成为为社会公众服务的经营性停车库(相当于居住区的公共配套,可为拥车辆较多的高档住区服务,也可成为居住区商业等设施的停车场的补充)。停车库的出入口位于城市道路,不影响低收入住区居民的环境质量,而其经营收益用于低收入住区的维护和管理。这也可以看为将不同收入阶层混合的互补效益。

D. 充分考虑自行车停车棚、库的设置

在控制机动车进入和停放的同时,应充分保证自行车的停放和安全。南京的保障性住区普遍反映自行车失窃现象多发,乱停乱放情况严重。为此我们认为,保障性住区应该设置有专人管理的自行车棚、库,保证自行车停放秩序和安全,并应保证足够的、有组织的地面自行车停放。自行车库管理者可以来自本社区,管理成本很低。

(2)动态交通组织原则

A. 以完善非机动交通系统为重点,采用人车混行的方式,减少道路面积

非机动交通系统指步行和自行车的交通系统。利用步行交通系统联系住区内的景观节点和活动场地。步行系统应充分考虑居民的出行方式和特点,联系居住单元和主要出行方向,尽量做到方便快捷。同时结合步行路线设置放大的室外公共空间,在丰富空间效果的同时提升这些公共空间的人气。

主要道路可考虑采用人车混行的方式。人车混行的方式对于机动车数量较少的住区而言无疑是高效的。这种道路组织方式的道路面积较小,可将空地有效地设置为绿地或硬质活动场地。低收入小区内部机动车辆数量少。同时考虑到居民的室内相对空间狭小,应尽量多地提供室外活动场所,促进居民使用室外公共空间,提升社区活力。采用人车混行的方式,道路的宽度可以适当减少,减少了道路面积,提升了环境质量。

B. 设置减速带等装置降低住区内部机动车的速度

保障性住区的人口密度大,住宅内部的面积有限,应通过鼓励居民在室外环境中活动来减少对室内空间的需求,一个安全、舒适的室外环境是提高低收入人群在有限居住面积前提下的生活品质的重要保证。

减少住区内的机动车、降低机动车的速度,这两个原则都是必不可少的。在低收入保障性住宅中,我们建议采用人车混行的交通组织方式,这就使得降低机动车的通行速度更为重要。这一点则可以通过设置曲线道路、设置减速带等方式加以保证。①

C. 消防、搬家、环卫等车辆行驶的道路结合室外活动场地设置,节省道路面积

在中国香港的公共住宅中,我们经常可以看到消防环卫等道路与室外活动场地结合的例子,有效地利用了室外环境。这些特殊的道路往往通过在地面上安装的简单装置加以管理,避免了私家车进入;只在特殊情况下打开装置,保证消防等道路的畅通。这些路面平时则可作为居民的活动场地使用,避免了人车的干扰。

8.3.3 配套设施

(1)商业服务配套设施宜在住区沿街位置设置,同时为内部和外部人流服务

---

① 曲线形的道路可以避免视线的对穿,减少外来车辆进入小区的可能,同时可以结合建筑的排布方式形成丰富的空间效果。设置减速带无疑是最为简单便捷的降低车速的方法,同时对于步行者而言没带来什么不便。这是一种简单易行的方式。

低收入人群的消费能力较低,对商业设施的要求不高,他们更加讲求实际,只要满足日常的基本需求即可。过于内向布局的商业设置服务对象仅针对本社区的居民,对于消费能力不高的低收入社区而言,经营不善的可能更大。

临街设置商业设施则在保证了本社区居民需求的同时结合对外服务,为经营提供了更大的可能。低收入社区的商业配套建筑应考虑周边的整体环境和配套水平,而不应简单的计算本社区的人口,套用千人指标,加以规划。如周边配套已经相对完善,则可考虑适当减少商业、服务面积,在保证居民生活便利的条件下减少不必要的浪费,反之亦然。

(2)商业、服务等配套设施可结合居住建筑底层设置,充分利用土地

充分利用住宅建筑下部设置商业、服务业功能可以高效利用土地。商业建筑对日照没有要求,故可以和住宅建筑结合。不独立设置商业、服务设施用地可以有效地利用土地和日照,提高开发强度。保障性住房若以高层建筑为主,其框架或剪力墙结构,对底层影响较小。而当下部商业建筑体量较大时,其屋顶则形成了屋顶平台,可供上部住户休闲使用,通过屋顶绿化植栽,可形成闹中取静的小环境,在提高开发强度的基础上保证了居住的品质。住宅和商业部分整体建设还可以减少建设成本,节约投资。

8.3.4 公共空间

(1)住区的居住建筑应有较强的组团感,形成明确的邻里空间

促进低收入人群之间的交往可以在一定程度上减少社会问题。低收入保障性社区的管理维护费用非常有限,大量居民就业不充分,完全可以通过良好的住区氛围自发地进行住区管理和维护,组织住区活动和简单的就业技能教育等,既降低了管理成本,又增强了居民之间的沟通联系和归属感。

居民之间的交往可以提高居民的认同感,有利于自发地形成对住区的归属感。而当对社区产生强烈的归属感后,居民便会自觉地维护社区的整体利益,形成积极向上的住区氛围。

从规划布局的角度,当居住建筑有较为明确的组团概念时,一个小的组团内部的居民在很短的时间内便可以彼此熟悉,形成较好的邻里关系。建筑组团感可以通过建筑布局和环境设计得以强化。即使住宅建筑均条形布局,也可以利用自行车棚、花坛等设施围合出相对明确的居住组团空间。每个组团可通过步行组织和公共空间、公共设施增加居民的彼此交流的可能。

同时结合低收入住区的规划模式,开放的住区、封闭的组团。

(2)为居民提供尽量多的活动场地

保障性住房内部的空间狭小,可以通过增加公共空间改善其生活条件。按照国务院的规定,廉租房的面积要求控制在50平方米以内,经济适用房户型控制在60平方米。按照家庭平均人口3.2人来计算,人均居住面积在20平方米以下。这一面积指标可以满足低收入人群的基本居住要求,是比较切合实际的,符合我国现阶段经济发展水平和城市化进程。然而跟普通商品房相比,保障住房人均居住面积无疑是较小的。而通过提供更多环境较好的外部活动空间,为居民提供室外的活动场所,可以在一定程度上减少室内面积较小带来的不便(图8-14)。

A. 活动场地设置应布置均匀,和居住组团良好结合,有效促进人际交流

活动场地分布应合理,避免过于集中在住区中心,而应跟居民的交往空间结合,提升住区的归属感和认知度。以往的住区规划设计,为了形成一定的视觉效果而将整个区域的公共绿地和活动场地都集中于小区的中心,使得小区其他区域难以形成场所感,邻里

空间缺乏认知度。对于低收入住宅而言,景观绿化视觉效果并不是十分重要,为居民提供必要的活动场地,继而促进形成有归属感的邻里空间则更为重要。这就要求我们在进行规划布局时将公共空间分散至各个邻里组团中去,在一个便于形成居民认知的范围内加以布局。

底层活动场地透视

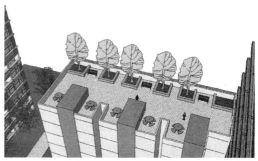
多层屋顶层活动场地鸟瞰

活动场地之间的视线交流

活动场地之间的对视

图 8-14　多形式的户外公共空间和户外敞地示意

资料来源:作者绘制

B. 适当减少绿地与水景面积,增加硬质活动场地

笔者调研的很多保障性住区中的公共空间往往以绿化、水景为主,强调视觉效果,而忽视了其功能性。并且在住区的使用中,因为维护费用高,而缺乏维护,造成绿化景观、水景破坏严重。反而是硬质地面由于维护费用较低,利用现状较好。同时,硬质地面能够承载更多的居民活动,所以应增加硬质地面的比例,适当减少绿地面积,尽量不设置大面积水景。当然住区内的绿化必不可少,可以通过种植高大的速生乔木来保证住区的绿化氛围。而将乔木和硬质地面结合是很好的环境组织方式。另外,注重住区行道树的种植,也是美化住区的一个重要手段。

(3)高层建筑底层局部架空,充分利用屋顶平台

在中国香港地区、新加坡等国家和地区用地紧张的城市住宅项目,屋顶平台作为活动场地的例子屡见不鲜。甚至已经成为惯例。即使是高档私人物业,也经常在地面层满铺,作为商业、服务,以屋顶平台作为居民的活动场地,屋顶平台不但可以种植高大乔木,也可以铺设活动场地,设置水景和游泳池。一方面居民拥有闹中取静的环境,另一方面土地得到了有效的利用。

我国的住宅小区规划标准或者城市规划管理指标中有较为严格的建筑密度和绿化率、绿地率指标控制。而真正从实际使用角度来看,屋顶绿化可以在一定程度提供绿地,

解决居民的室外活动需求。因此,笔者建议将方便到达、完善绿化和活动场地的屋顶平台作为绿化率指标计算范围,同时可作为建筑覆盖率的折减指标(比如只计算为一半的覆盖率,可计算为一半的绿化率)。

8.3.5　城市界面

(1) 减小每个保障性住区的规模(以"小区"规模为上限)

以往的经济适用房住区往往规模巨大,规划中也缺乏变化,简单的行列式布局,缺乏变化的立面,导致城市界面单调,甚至影响城市景观。而普通的地产项目往往出于商业上的考虑有较为丰富的城市形象,以吸引购买者的注意力。保障性住房的产品相对单一,多为中小户型,自然建筑的变化有限。同时建设周期短,投资有限,如果规模过大,难以避免形成单调的城市形象。而当每个建设项目规模较小时(上限为"小区"的规模),在"居住片区"中与中档商品房混合建设,城市形象能够较大的改善。

(2) 通过色彩、建筑高度等变化丰富城市界面,避免千篇一律的建筑形象

保障性住房应以简约的风格为主,减少不必要的装饰,而色彩的运用可以在很少造价的前提下有效地丰富建筑特征,减少单调感。可以通过色彩的变化强调组团概念,增加组团的可识别性。外墙涂料的成本较低,几年刷一次,就使得建筑面貌焕然一新,对改变低收入保障性住房破败的感觉非常有效。

低收入保障性住房应以高强度开发为指导方针,基本上以高层为主,可以通过调整建筑高度、前后关系、点式条式结合、高层小高层结合等多种方式丰富建筑轮廓线和城市空间,形成良好的城市景观。

(3) 对城市开放的住区环境有效地将城市景观和住区景观融合

高层建筑从管理角度上来说有其优势,加强对楼电梯间的管理就能较为有效地解决安全的问题。低收入保障性住房如果将整个住区封闭管理,必然要有较大的管理投入,且起不到很好的管理效果①。为此,笔者建议将严格管理的范围控制在住宅组团或住宅单元楼之内,而外部环境可以向城市开放,仅通过环境要素产生一定的归属感。增设无人管理的围墙只能是增加更多的视线和管理死角,增加犯罪和卫生问题。

8.4　保障性住房的单体设计要点

8.4.1　面临的问题

(1) 标准的转变,90 平方米向 60 平方米的转变

由于新的经济适用房管理办法将套型建筑面积上限由原规定中的 90 平方米调整为 60 平方米左右,单体设计中势必会出现新的难题。经济适用房套型分类和最低使用面积与江苏省住宅设计标准相矛盾。

(2) 与地方设计标准及有关规划规定之间的矛盾

由于土地资源的不可再生性以及拆迁成本的逐年加大,经济适用房的承建方极力提高开发强度以最大限度地提高建筑容积率从而降低土地成本提高安置率。由此所带来的直接后果便是与地方设计标准及规划管理等部门的有关规定相矛盾。

A. 日照分析审定标准

---

① 从人的识别能力看,每个保安监控的户数一般不应大于 250 户。

目前本市规划部门对于高层住宅日照分析的审定标准过于严苛,其对于住宅规范中有关日照分析内容的解读与设计人员的一般性理解有所矛盾。由此所带来的直接后果就是导致住宅单体设计的不合理性的增加,小区规划成为"日照规划",限制了东西向布局的可能性。

B. 暗卫生间设计的可能性

《江苏省住宅设计标准》中要求住宅套内公共卫生间应有一个直接采光、自然通风。但是在经济适用房单体设计中想要满足以上要求势必要在外墙上开设许多槽口。由此导致住宅体型系数的增加而降低住宅的保温性能,另外过多的深槽口必然导致结构安全性下降,并增加建造成本。

（3）控制建设造价和保证建筑质量的矛盾

由于各种原因导致的经济适用房定价的非市场化,使得住宅的销售收入常常难以消化建造成本。开发商为了实现其法定收入或达到其财务平衡而有可能降低建筑标准乃至于牺牲建筑的品质。

随着建筑节能标准的不断提高和完善,对于住宅外墙围护结构保温隔热性的要求大幅度提高,从而导致建造成本的提高。

大量高层经济适用房的出现导致电梯数量的增加将会增加日后使用维护的成本并有可能成为困难业主的负担。

（4）提高建设速度和传统施工方式的矛盾

目前经济适用房的建造依然未能摆脱传统的施工工艺。然而经济适用房面广量大,套型小,品种较为单一的特点为建造的标准化、工厂化以及新材料的应用提供了可能(表8-2)。

表 8-2　厨卫、阳台等部件工业化生产的可行性

政府	土建	出售出租	出售/出租完成	管理维护	再次出售/出租	管理维护
住户		选择不同面积的套型(按先后自由选定在建筑中的位置)		根据需要调整套型(套内调整)	根据需要调整套型(套内调整)	根据需要调整套型(套内调整)
建筑	完成固定部分					
	工厂预制厨卫一体化设备		加入厨卫一体化设备		重置厨卫一体化设备	
			加建填充墙	拆、建填充墙	拆、建填充墙	拆、建填充墙
	工厂预制单元围护体系		加建南向围护体系	调整南向围护体系	重置南向围护体系	调整南向围护体系
			加入灵活隔断			调整南向围护体系

资料来源:作者绘制

8.4.2　设计要点

（1）住栋单体设计

A．日照间距控制，增加住栋进深

建议东西向日照计入日照时长，以提高用地强度。

采用一单元多户的方式，增加住栋进深。端头单元充分利用侧面采光和日照，排布更多户数或大户型，增加进深。

B．增加外廊，减少核心筒面积

通过建筑设计手段减少外廊对私密性的影响（如外廊标高较户内标高低一个梁高，外廊平圈梁下皮，户内平圈梁上皮，外廊行人较室内低 60～70 厘米，窗台高 100 厘米，外廊视高 150 厘米基本上在窗户下面；同时面向外廊的窗户划分，可考虑上部开启，下部采用磨砂玻璃等）。

（2）住宅单元设计

A．控制单元户数和交通核面积，减少户均公摊面积

多层住宅以一梯 3～4 户为宜、中高层住宅以一梯 4～5 户为宜、高层住宅宜采用每单元 5～8 户。

交通核（楼梯、电梯、前室、走道等）部分采用规范下限尺寸。通过选用大载重量电梯、电梯三层一停的方式（消防电梯和无障碍电梯除外）减少高层住宅的交通空间，提高电梯运作效率、降低电梯造价和维护成本。中国香港地区的公屋多如此。三层一停，部分居民上一层或者下一层即可。电梯运行速度极大提高，造价也大幅度降低。一梯多户的高层住宅，采用此方式时电梯可以选用下限部数。

B．单元中各套住房合理分配日照面和采光面，合理组织通风

各户型有相对均衡的日照面宽和采光面宽。由于套型面积较小，各使用空间面积均被压缩，同时每单元套数相对较多，因此每户难以争取到更多的日照面及采光面。建议每户应均衡布局，并尽量争取一个至一个半面宽的日照面。

多户一个单元，难以形成穿堂风的，可以考虑在单元中间设置通风槽（井）并考虑底层可以进入清理。单元中心的光井效率较凹槽更高，同时对住宅的保温、结构等影响更少，但往往存在卫生和视线问题，可以通过错位开窗的方式处理视线问题，底层考虑便于进入清理以解决卫生问题。

（3）户型设计

A．面积控制与面积分配

保障性住房面积标准虽然应控制在低水平上，但并不意味着无限的降低标准，而必须要满足卫生和基本的居住需要，满足相关的规范要求。

住建部发布的《住宅设计规范》（GB 50096—2011）已对住宅内部使用空间的最低使用标准和通风采光等卫生要求做出规定（表 8-3）。

表 8-3　我国住宅内部使用空间的最低面积标准和卫生要求

住宅内部空间类型		最低使用面积标准（平方米）	最低使用面积（平方米）
卧室	双人卧室	9	直接采光、自然通风
	单人卧室	5	
	兼起居的卧室	12	

住宅内部空间类型	最低使用面积标准(平方米)	最低使用面积(平方米)
起居室(厅)	10	直接采光、自然通风
厨房	3.5	直接采光、自然通风
卫生间(三件卫生洁具)	2.5	

资料来源:东南大学课题组

考虑保障性住房的面积既要满足基本居住需要,又要保持相对较低的标准,因此保障性住房的面积标准满足最低面积标准,同时不宜超过推荐面积标准(表 8-4)。

表 8-4　不同户型的使用面积标准

套型	最低使用面积(平方米)按内部空间最低使用面积标准计算	推荐使用面积(平方米)按住宅套型分类使用面积标准计算
	使用面积	使用面积
由卧室、起居室(厅)、厨房和卫生间组成的套型	30	50
由兼起居室的卧室、厨房和卫生间组成的套型	22	30

注:表内最低使用面积未包括阳台面积。
资料来源:东南大学课题组。

B. 户型的灵活性以及户内空间的合理组织

充分考虑户型的灵活性以及对户内空间的合理组织。包括:①可变化的分隔方式。每一个住宅单元装配一个可变化的墙体以满足绝大多数的变化的需求。一个可变化的墙体可以创造出很多不同的空间效果,比如说加大或者减少房间面积,通过将住宅的房间拼合和分隔(图 8-15)。②可分可合的住宅套型。住宅的尺度和类型,以及住宅的合并可以通过打开或封上分户墙上的门得以改变。一个大套住宅可以分隔成两个或者三个小套住户;两个或者三个小套住宅也可以合并成为一个大套住宅,用以适应房屋市场需求、家庭结构等方面的不断变化(图 8-16)。③中性空间的运用,一个房间或一个空间不通过形体上(尺寸、面积)的变化就能够适应使用方式的变化(例如家庭人口的增加,小孩的成长带来的使用方式的变化)。④双重使用空间,内部空间被设计成能适合很多种活动,具有可变性的元素是可滑动的墙、可折叠的床以及可以移动的橱柜。⑤可变化的空间关系,不仅通过简单的墙进行分隔或者门进行连接,比如,窗帘和可滑动的塑料屏风可以在白天收起来,轻易地进行空间合并以供某种活动使用,而在晚上,也很容易进行分隔(图 8-17)。

考虑空间的综合使用,就餐、起居空间合用,提高空间效率。理顺空间关系,将交通空间纳入起居、就餐等空间范围,尽量减少独立的交通空间。考虑住户对空间根据自身需要进行重新划分的可能性。合理利用采光条件差的位置设置储藏空间。可考虑局部利用壁橱代替墙体划分房间,充分利用可能的零碎角落设置储藏空间。可考虑走廊、过道上方空间设置吊柜,满足储物需求。

图 8-15　户型的套内可变性(单位:毫米)

资料来源:作者绘制

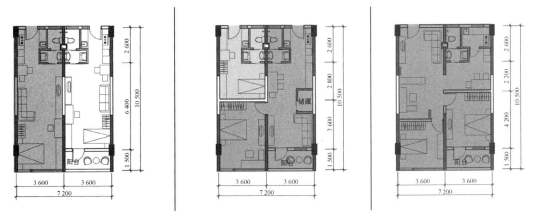

图 8-16　户型的套间可变性(单位:毫米)

资料来源:作者绘制

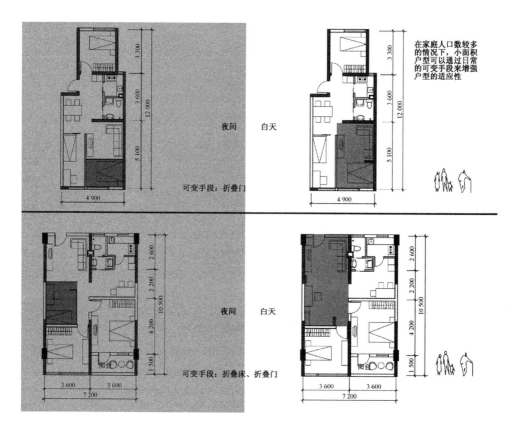

在家庭人口数较多的情况下，小面积户型可以通过日常的可变手段来增强户型的适应性

夜间 白天

可变手段：折叠门

夜间 白天

可变手段：折叠床、折叠门

图 8-17　户型的日常可变性（单位：毫米）

资料来源：作者绘制

参考文献

1. 学术著作

[1] 严书翰,谢志强,等.中国城市化进程——全国建设小康社会研究报告集[M].北京:中国水利水电出版社,2006.

[2] 刘玉亭.转型期中国城市贫困的社会空间[M].北京:科学出版社,2005.

[3] 吴明伟,吴晓.我国城市化背景下的流动人口聚居形态研究——以江苏省为例[M].南京:东南大学出版社,2005.

[4] 田野.转型期中国城市不同阶层混合居住研究[M].北京:中国建筑工业出版社,2008.

[5] 黄怡.城市社会分层与居住隔离[M].上海:同济大学出版社,2006.

[6] 吴启焰,朱喜刚,陈涛.城市经济学[M].北京:中国建筑工业出版社,2009.

[7] 田东海.住房政策:国际经验借鉴和中国现实选择[M].北京:清华大学出版社,1989.

[8] 万勇.旧城的和谐更新[M].北京:中国建筑工业出版社,2006.

[9] 阳建强,吴明伟.现代城市更新[M].南京:东南大学出版社,1999.

[10] 吴启焰.大城市居住空间分异研究的理论与实践[M].北京:科学出版社,2001.

[11] 段进.城市空间发展论[M].南京:江苏科学技术出版社,2006.

[12] 谢文惠,邓卫.城市经济学[M].北京:清华大学出版社,1996.

[13] 许学强,周一星,宁越敏.城市地理学[M].北京:高等教育出版社,1997.

[14] 王晓瑜,郭松海,张宗坪.住房社会保障理论与实务[M].北京:中国经济出版社,2006.

[15] 褚超孚.城镇住房保障模式研究[M].北京:经济科学出版社,2005.

[16] 薛晓明.转型时期的弱势群体问题[M].北京:中国经济出版社,2005.

[17] 戴维·波普诺.社会学[M].李强,等,译.北京:中国人民大学出版社,1999.

[18] 伊利,莫尔豪斯.土地经济学原理[M].滕维藻,译.北京:商务印书馆,1982.

[19] 边燕杰,吴晓刚,李路路.社会分层与流动:国外学者对中国研究的新进展[M].北京:中国人民大学出版社,2008.

[20] 李路路,边燕杰.制度转型与社会分层:基于 2003 年全国综合社会调查[M].北京:中国人民大学出版社,2008.

[21] [日]山鹿诚次.城市地理学[M].武汉:湖北教育出版社,1986.

[22] 许学强,朱剑如.现代城市地理学[M].北京:中国建筑工业出版社,1988.

[23] 周庆刚,董淑芬,李娟,等.弱势群体社会支持网络与社会和谐[M].南京:东南大学出版社,2007.

[24] 黄家海,王开玉.社会学视角下的和谐社会:中国社会学会学术年会获奖论文集[M].北京:社会科学文献出版社,2006.

[25] [英]庇古.福利经济学[M].金镝,译.北京:华夏出版社,2007.

[26] 范斌.福利社会学[M].北京:社会科学文献出版社,2006.

[27] 姚明霞.福利经济学[M].北京:经济日报出版社,2005.

[28]《中国城市发展与规划论文集》编委会.中国城市发展与规划——首届中国城市发展与规划国际年会论文集[M].北京:中国城市出版社,2006.

[29]尼古拉斯·巴尔,大卫·怀恩斯.福利经济学前沿问题[M].贺晓波,王艺,译.北京:中国税务出版社,2000.

[30]邹经宇,许溶烈,金德钧,等.第六届中国城市住宅研讨会论文集——永续·和谐快速城镇化背景下的住宅与人居环境建设[M].北京:中国城市出版社,2007.

[31]邹经宇,等.第五届中国城市住宅研讨会论文集——城市化进程中的人居环境和住宅建设:可持续发展和建筑节能[M].北京:中国城市出版社,2005.

[32]贾倍思.长效住宅——现代建筑新思维[M].南京:东南大学出版社,1993.

[33]建设部课题组.多层次住房保障体系研究[M].北京:中国建筑工业出版社,2007.

[34]杨汝万,王家英.公营房屋五十年——金禧回顾与前瞻[M].香港:香港中文大学出版社,2003.

[35]陈劲松.公共住房浪潮——国际模式与中国安居工程的对比研究[M].北京:机械工业出版社,2005.

[36]陈劲松.社区·大盘出路[M].北京:机械工业出版社,2003.

[37]陈劲松.新城模式——国际大都市发展实证案例[M].北京:机械工业出版社,2006.

[38]成思危.中国城镇住房制度改革——目标模式与实施难点[M].北京:民主与建设出版社,1999.

[39]卢卫.居住城市化:人居科学的视角[M].北京:高等教育出版社,2005.

[40]唐晓岚.城市居住分化现象研究——对南京城市居住社区的社会学分析[M].南京:东南大学出版社,2007.

[41]浩春杏.城市住房梯度消费——以中国南京为个案的社会学研究[M].南京:南京大学出版社,2007.

[42]文林峰.城镇住房保障[M].北京:中国发展出版社,2007.

[43]董卫.可持续发展的城市与建筑设计[M].南京:东南大学出版社,1999.

[44]黄绪虎,张昱.房价:中外房价、城市化与中低收入家庭住房模式解读[M].武汉:湖北科学技术出版社,2007.

[45]周运清.中国城镇居民住房居住质量[M].北京:社会科学文献出版社,2008.

[46]仇保兴.中国城市化进程中的城市规划变革[M].上海:同济大学出版社,2005.

[47]李强,等.城市化进程中的重大社会问题及其对策研究[M].北京:经济科学出版社,2009.

[48]周庆刚,董淑芬,李娟.弱势群体社会支持网络与社会和谐[M].南京:东南大学出版社,2007.

[49]陈杰.城市居民住房解决方案——理论与国际经验[M].上海:上海财经大学出版社,2009.

[50]徐和平,李明秀,李庆余.公共政策与当代发达国家城市化模式——美国郊区化的经验与教训研究[M].北京:人民出版社,2006.

[51]王家庭,张换兆,季凯文.中国城市土地集约利用——理论分析与实证研究[M].天津:南开大学出版社,2008.

[52]邓卫,宋扬.住宅经济学[M].北京:清华大学出版社,2008.

[53]黄序.北京城乡发展报告(2008—2009)[M].北京:社会科学文献出版社,2009.

[54]倪鹏飞.中国住房发展报告(2009—2010)[M].北京:社会科学文献出版社,2009.

[55] 童悦仲,娄乃琳,刘美霞,等.中外住宅产业对比[M].北京:中国建筑工业出版社,2005.

[56] 李忠富.住宅产业化论——住宅产业化的经济、技术与管理[M].北京:科学出版社,2003.

[57] 万科企业股份有限公司.人宅相扶,和谐共生——城市中低收入人群居住解决方案获奖作品集[M].广州:广东旅游出版社,2006.

[58] 中国建筑工业出版社,复旦规划建筑设计研究院.住房保障[M].北京:中国建筑工业出版社,2009.

[59] [美]戴维·波普诺.社会学[M].李强,等,译.北京:中国人民大学出版社,1999.

[60] 林广,张鸿雁.成功与代价——中外城市化比较新论[M].南京:东南大学出版社,2000.

[61] 叶裕民.中国城市化之路——经济支持与制度创新[M].北京:商务印书馆,2001.

[62] 赵树枫.世界乡村城市化与城乡一体化[M].北京:社会科学文献出版社,1998.

[63] 叶维钧.中国城市化道路初探[M].北京:中国展望出版社,1988.

[64] 侯文若.社会保障理论与实践[M].北京:中国劳动出版社,1991.

[65] 陈良瑾.社会保障教程[M].北京:知识出版社,1990.

[66] 陈成文.社会弱者论[M].北京:时事出版社,2000.

[67] 马克思,恩格斯.马克思恩格斯选集:第一卷[M].北京:人民出版社,1995.

[68] 孙立平.转型与断裂:改革以来中国社会结构的变迁[M].北京:清华大学出版社,2004.

[69] 阎青春.社会福利与弱势群体[M].北京:中国社会科学出版社,2002.

[70] 杨上广.中国大城市社会空间的演化[M].上海:华东理工大学出版社,2006.

[71] 吕玉印.城市发展的经济学分析[M].上海:上海三联书店,2000.

[72] 江曼琦.城市空间结构优化的经济分析[M].北京:人民出版社,2001.

[73] 孟晓晨.西方城市经济学——理论与方法[M].北京:北京大学出版社,1992.

[74] 卢卫.解读人居——中国城市住宅发展的理论思考[M].天津:天津社会科学院出版社,2000.

[75] 谢文慧,邓卫.城市经济学[M].北京:清华大学出版社,1996.

[76] 陈光庭.外国城市问题研究[M].北京:北京科学技术出版社,1991.

[77] 云至平,白伊宏,谭春林.中国住房制度改革的探索[M].北京:中国财政经济出版社,1991.

[78] 侯淅珉,应红,张亚平,等.为有广厦千万间——中国城镇住房制度的重大突破[M].南宁:广西师范大学出版社,1999.

[79] 严书翰,谢志强,等.中国城市化进程——全面建设小康社会研究报告集[M].北京:中国水利水电出版社,2006.

[80] 沃纳·赫希.城市经济学[M].刘世庆,车泽民,等,译.北京:中国社会科学出版社,1990.

[81] 李军.中国城市反贫困论纲[M].北京:经济科学出版社,2004.

[82] 董淑芬,殷京生.城市新移民——南京市流动人口研究报告[M].南京:南京大学出版社,2003.

[83] 康少邦,张宁.城市社会学[M].杭州:浙江人民出版社,1986.

[84] 杨上广.中国大城市社会空间的演化[M].上海:华东理工大学出版社,2006.

[85] 张鸿雁.侵入与接替:城市社会结构变迁新论[M].南京:东南大学出版社,2000.

[86] 周文建,宁丰.城市社区建设概论[M].北京:中国社会出版社,2001.

[87] 斯文·蒂伯尔伊.瑞典住宅研究与设计[M].张珑,等,译.北京:中国建筑工业出版社,1993.

[88] Sam Davis. The Architecture of Affordable Housing[M]. [S. L.]:University of California Press, 1995.

[89] Suzanne Fitzpatrick. Future of Social Housing [M]. Bolinas:Shelter Publication, 2008.

[90] Salah Said. An Approach to Housing Design for Low Income Groups in Cairo[M] Egypt:U. A. R Catholic University of America Press, 1964.

[91] Paul Reeves. Introduction to Social Housing[M]. [S. L.]:Elsevier, 2005.

[92] Tom Jones, William Pettus, Michael Pyatok. Good Neighbors:Affordable Family Housing (Design For Living)[M]. Mulgrave:Images Publishing Group, 1997.

[93] Janet L Abu-Lughod. New York, Chicago, Los Angeles—America's Global Cities [M]. Twin Cities:University of Minnesota Press, 1999.

2. 学位论文、会议论文及报告

[1] 焦怡雪.城市居住弱势群体住房保障的规划问题研究[R].北京:北京大学环境学院,2007.

[2] 马光红.社会保障性商品住房问题研究[D].上海:同济大学经济与管理学院,2006.

[3] 王承慧.转型背景下城市新区居住空间规划研究[D].南京:东南大学建筑学院,2009.

[4] 李志明.空间、权力与反抗——城中村违法建设的空间政治解析[D].南京:东南大学建筑学院,2008.

[5] 张静.大城市理性扩张中的新城成长模式研究——以杭州为例[D].杭州:浙江大学管理学院,2007.

[6] 李景鹏.城镇住房保障体系方案设计研究[D].大连:东北财经大学,2007.

[7] 郭琰.瑞典集合住宅研究[D].天津:天津大学建筑学院,2007.

[8] 丁士泓.日本公有住宅研究[D].天津:天津大学建筑学院,2008.

[9] 徐瑾.城市居住建设与新市镇空间发展互动关系研究[D].上海:同济大学建筑与城市规划学院,2007.

[10] 张越.城市化背景下的住宅空间分异研究——以南京市为例[D].南京:南京大学,2004.

[11] 张鹏.城市大型经济适用居住区规划选址问题研究——以西安大型经济适用居住区为例[D].西安:西安建筑科技大学,2006.

[12] 王瑞林.杭州城市中、低收入家庭住房空间布点研究[D].杭州:浙江大学建筑工程学院,2008.

[13] 林若君.厦门社会保障性住房规划设计初探[D].厦门:厦门大学,2008:66

[14] HDB. What Do You See? [R]. Singapore:HDB, 2006.

[15] Stegman M, Holden D. Nonfederal Housing Programs:How States and Localities are Responding to Federal Cutbacks in Low-income Housing Programs [R]. Washington, DC:Urban Institut, 1987.

[16] Schwartz A，Tajbakhsh K. Mixed-Income Housing：Unanswered Questions[C]// The International Sociological Association. International Conference on Housing and the Built Environment. Lexington Virginia,1997.

3. 期刊论文

[1] 崔桂芳,关胜学.完善我国住房保障制度的思考[J].建筑管理现代化,2005(3)：33-35.

[2] 褚超孚.住房保障政策与模式的国际经验对我国的启示[J].中国房地产,2005(6)：53-56.

[3] 张泓铭.完善城镇住房保障制度的探讨[J].城市开发,2000(11):18-21.

[4] 杨团.弱势群体及其保护性社会政策[J].前线,2001(5):45-47.

[5] 张高攀.城市"贫困聚居"现象分析及其对策探讨——以北京市为例[J].城市规划,2006(1):40-46.

[6] 朱东风,吴明伟.战后中西方新城研究回顾及对国内新城发展的启示[J].城市规划汇刊,2004(5):31-36.

[7] 侯敏,张延丽.北京市居住空间分异研究[J].城市,2005(3):49-51.

[8] 李薇辉,傅尔基.创新上海住房保障体系的构想[J].上海经济研究,2007(4):10-13.

[9] 西山卯三.三十五年来日本生活方式和住宅状况之变化[J].世界建筑,1983(3)：16-20.

[10] 陈燕萍.适合公共交通服务的居住区布局形态——实例与分析[J].城市规划,2002(8):90-96.

[11] 丁承朴.大众住宅与商品住宅辨析——新加坡组屋开发模式的启示[J].建筑学报,1994(12):33-37.

[12] 安艳华.SI 住宅的可变性及其技术浅析[J].沈阳建筑大学学报(社会科学版),2008(1):19-23.

[13] 孙忆敏.我国大城市保障性住房建设的若干探讨[J].规划师,2008(4):17-20.

[14] 王晓鸣,李桂青.住宅老化肌理与维修决策评价[J].武汉工业大学学报,1998(20)：51-58.

[15] 王晓鸣.旧城社区弱势居住群体与居住质量改善研究[J].城市规划,2003(12)：24-29.

[16] 田野,栗德祥,毕向阳.不同阶层居民混合居住及其可行性分析[J].建筑学报,2006(4):36-39.

[17] 钱李亮.我国现行土地供应制度的风险研究[J].城市管理与科技,2006(8):39-43.

[18] 杨上广,王春兰.上海城市居住空间分异的社会学研究[J].社会,2006(6):21-25.

[19] 项飚.传统与新社会空间的生成——一个中国流动人口聚居区的历史[J].战略与管理,1996(6):33-37.

[20] 单文慧.不同收入阶层混合居住模式——价值评判与实施策略[J].城市规划,2001(2):26-29.

[21] 张红,等.城市轨道交通对沿线住宅项目价格的影响[J].北京交通大学学报(自然科学版),2007(6):10-13.

[22] 刘晓钟,丁倩.对 90 m² 住宅设计的政策及市场[J].城市建筑,2007(1):11-17.

[23] 曾志荣,平如琦.住宅东西向的设计探讨[J].江西建材,2007(1):32-33.

[24] 童悦仲,孙克放.吸收国外经验提高我国住宅建筑技术水平——考察欧洲住宅建筑技术[J].建筑学报,2004(4):66-69.

[25] 张钦议.日本的住宅建设[J].建筑学报,1998(11):63-66.

[26] 冯书泉.构建和谐社会必须关注弱势群体[J].人民论坛,2005(2):41-43.

[27] 吴启焰,崔功豪.南京市居住空间分异特征及其形成机制[J].城市规划,1999(12):23-26.

[28] 冯念一,陆建忠,朱嬿.对保障性住房建设模式的思考[J].建筑经济,2007(8):27-30.

[29] 孙晖,陈飞.生活性与交通性的功能平衡——住区道路体系的经典模式与新近案例的演进分析[J].国际城市规划,2008(5):102-106.

[30] 李志刚.中国城市的居住分异[J].国际城市规划,2008,23(4):12-18.

[31] 李琳琳,李江.新加坡组屋区规划结构的演变及对我国的启示[J].国际城市规划,2008,23(2):109-112.

[32] 王晖,龙元.第三世界城市非正规性研究与住房实践综述[J].国际城市规划,2008,23(6):65-69.

[33] 吴晓.南京经济适用住房建设现状调查[J].建筑学报,2005(4):15-17.

[34] 周俭,蒋丹鸿,刘煜.住宅区用地规模及规划设计问题探讨[J].城市规划,1999(1):38-40.

[35] 张高攀.基于旧城改造背景下的经济适用房模式选择——以北京市为例[J].城市规划,2007(11):71-78.

[36] 张勇.论北京市轨道交通建设沿线土地利用模式[J].北京社会科学,2008(3):38-41.